궁궐을
건축재
소나무

궁궐건축재 소나무

초판 1쇄 인쇄   2014년 6월 15일
초판 1쇄 발행   2014년 6월 24일

지은이   전영우
펴낸이   김혜라

디자인   최치영 문혜영
일러스트   홍수림
캘리   김빛나래
마케팅   김태혁
펴낸곳   상상미디어

주 소   서울 마포구 용강동 토정로 304번지
등 록   제312-1998-065
전 화   02-313-6571~2 | 02-6212-5134
팩 스   02-313-6570
홈페이지   www.상상미디어.com

글ⓒ 전영우
사진ⓒ 전영우, 한국전통문화재단

ISBN 978-89-88738-72-6 (03540)
값 18,000원

상상미디어는 항상 좋은 책을 만듭니다.

궁궐 건축재 소나무

전영우 지음

| 궁궐건축재 소나무에 대해 궁금했던 모든 이야기 |

상상미디어
SANG_SANG MEDIA

차례

궁궐건축재 소나무

책을 펴내며

　　소나무로 만든 광화문 현판이 갈라지고 숭례문 기둥이 터진 현상이 중요한 뉴스가 되었다. 목재가 갈라지거나 터지는 현상은 지극히 자연스러운 일이지만 사람들은 그렇게 받아들이지 못했다. 금방 준공된 건물에서는 결코 일어나선 안 될 일인 양 비난이 터져 나왔고, 뒤를 이어 봇물처럼 다양한 의견들이 쏟아졌다. 그 와중에 소나무에 대한 온갖 허황된 이야기도 덧칠되었다. 그 대표적인 것이 '금강소나무는 최고의 건축재'라는 믿음이었다. 잘못된 믿음은 '금강소나무는 결코 터져서도 갈라져서도 안 되는 나무'라는 새로운 명제를 만들기까지 하며 숭례문에 대한 불안을 눈덩이처럼 키웠다. 하지만 숭례문은 오늘도 변함없이 당당하게 제 자리를 지키고 있다.

　　우리 스스로가 만든 금강소나무에 대한 허상을 좇다가 한바탕 소동으로 끝난 숭례문의 갈램 현상을 지켜보면서 다시 한 번 금강소나무를 생각하지 않을 수 없었다. 우리들이 최고라고 믿는 금강소나무는 과연 최고의 건축재인가? 최고의 건축재란 믿음은 어떻게 형성되었는가? 이런 의문을 캐다 보니 우리 조상들이 소나무를 궁궐 건축재로 이용할 수밖에 없었던 이유는 물론이고, 조선 후기부터 궁궐용 건축재의 주 조달처가 강원도로 한정될 수밖에 없었던 까닭도 찾아낼 수 있었다. 바로 17세기 후반부터 나라 전역으로 확산된 산림 황폐와 임산자원의 고갈 때문에 조선 왕실은 어쩔 수 없이 18세기부터 각종 관수용 소나무 건축재의 조달처를 강원도로 한정해야만 했다. 궁궐 축조용으로 쓸 수 있는 대경목 소나무를 강원도 이외의 지역에서는 쉽게 찾을 수 없었기 때문이다.

오늘날 목상이나 대목들이 영동지방산(産) 금강소나무라고 해서 모두 재질이 좋은 소나무라 여기지 않는 이유도 다르지 않다. 소나무 대경목이 그나마 남아 있는 곳이 강원도 뿐이기 때문이다. 또한 국립산림과학원의 2012년도 보고서에 타 지방의 소나무가 이른바 금강소나무의 주산지라고 알려진 울진이나 봉화 지방의 소나무보다 재질 강도가 더 좋은 결과로 나타난 이유도 그래서 당연하다. 문제는 금강소나무의 재질 특성이나 진위 여부와 관련된 현안이 대두되어도 국가기관을 포함해서 누구 하나 이런 대중의 잘못된 믿음을 바로잡는 이가 없는 현실이다.

소나무와 학문적 인연을 맺은 지 20년이 흘렀다. 대관령 솔숲에서 1993년 8월에 개최된 '소나무와 우리 문화' 학술토론회를 주관한 이래, 소나무는 나의 지적 호기심의 대상에서 한시도 벗어난 적이 없다. 소나무에 대한 호기심은 우리 문화의 다양한 영역 속에 자리 잡은 소나무의 가치와 역할에 대해 남보다 먼저 확인할 수 있는 기회를 안겨주었다. 그 덕분에 소나무를 통해서 우리의 역사와 삶을 정리할 수 있었고, 『우리가 정말 알아야 할 우리 소나무』(현암사, 2004)와 『한국의 명품 소나무』(시사일본어사, 2005)가 그 결과물로 세상에 나올 수 있었다.

소나무에 관한 두 권의 책을 상재한 지 또다시 십 년의 세월이 흘렀다. 그 십 년 동안에 소나무 재선충병의 확산과 기후변화에 따라 소나무 숲의 감소는 급격하게 진행되었다. 반면 국력의 신장으로 궁궐 건축재 소나무, 특히 문화재 복원용 소나무 대경목의 수요는 나날이 증가하고 있다. 소나무 숲의 면적 감소와 소나무 대경재의 수요 증대라는 상반된 상황에서 더욱 안타까운 사실은 예나 지금이나 장구한 세월 동안 나무를 심고 가꾸기보다는 손쉽게 베어서 쓰는 이용 방식만 고수하고 있는 우리의 현실이다.

지난 해 7월 천 년 이상 신궁용 목재를 조달한 일본의 사례를 확인하고자 나가노현 기소와 이세신궁림을 다녀왔다. 서기 693년 이래 20년마다 신궁을 새로 짓는 식년천궁에 필요한 편백 건축재를 천 년 이상 조달한 목재 조달 체계는 흥미로웠다. 오늘날도 4천 5백ha의 비축림에서 20년마다 10만 본(10만㎥)의 식년천궁용 목재를 조달하고자 2백 년 벌기령의 편백 숲을 육성하는 일본의 사례는 부러움을 넘어 경이롭기까지 했다. 지난 20년 동안 진행된 경복궁 1차 복원사업에 사용된 5천 6백 ㎥의 목재 중, 국유림에서 직접 조달한 목재는 288본(340㎥)의 소나무가 전부인 우리네 실정에선 더욱 그랬다.

이 책을 세상에 펴내는 이유는 소나무에 대한 오도된 허상을 바로잡고, 지금이라도 문화재 복원용 목재의 조달 체계가 바르게 구축되었으면 하는 바람 때문이다. 문화재용 목재의 궁색한 수급 실정을 이제야 파악하였는지, 감사원은 숭례문 복원공사에 대한 감사보고서(2014. 5. 15)에서 목재 수급 계획의 부적정성을 지적하고 있다. 감사원은 '문화재 수리·정비에 적합하도록 적정하게 건조된 목재가 적기에 공급될 수 있도록 비축·관리하는 방안 등을 강구'하도록 문화재청에 조치하고 있다. 두 눈을 크게 뜨고 이 조치 사항의 이행 여부를 지켜볼 참이다.

유네스코 국제기념물유적협의회는 목조문화재의 수리 및 복원 사업은 '축조 당시에 사용된 동일 수종, 동일 품질의 재목, 동일 축조 기술로 이루어져야 한다'는 원칙을 제시하고 있다. 이런 원칙을 적용하면 조선시대의 대다수 목조건축문화재는 소나무로 복원되어야 한다. 그래서 소나무 대경목의 육성과 조달에 대한 더욱 철저한 대비가 필요하다. 산림청의 분발이 더욱 필요한 이유이기도 하다.

이 책의 내용은 2013년 국민대학교 산림과학연구소 연구비로 수행된 '목조문화재용 소나무 고(考)'와 키엘의 '한국의 고궁을 위한 오래된 나무 살리기' 기금으로 수행된 '문화재 복원용 대경재 소나무 육성 방안'의 연구 결과를 정리 보완한 것임을 밝혀둔다. 주제의 특성상 내용은 딱딱하고, 그래서 독자층은 더욱 한정될 수밖에 없다. 이런 불리한 출판 여건을 감수하면서도 이 책의 출간을 흔쾌히 맡아준 상상미디어 김혜라 사장님의 용기와 우리 소나무에 대한 애정에 큰 박수와 경의를 보낸다. 또한 한국전통문화재단이 제공한 사진 덕분에 내용의 부족함을 보완할 수 있었다. 이런 후의는 소나무로 맺은 귀한 인연 덕분이다. 재단 측에 심심한 감사의 말씀을 드린다.

2014년 6월 松眼堂에서

전영우

제1장

문화재 복원 현장의
소나무 논쟁

제1장

문화재 복원 현장의 소나무 논쟁

근래 국민적 관심이 목조건축 문화재의 복구(복원)사업에 사용된 소나무에 집중
된 바 있다. 가장 최근의 사례는 2013년 5월 복구된 국보 1호 숭례문의 갈라진 소
나무 기둥이었다. 벗겨진 단청과 함께 2층 문루의 동쪽 기둥이 갈라진 현상을 두고
이를 언론이 대서특필함으로써 국민의 이목이 소나무에 집중되기도 했다[1]. 또 다른
사례는 2010년 8월 광복절을 맞아 복원한 광화문의 소나무 현판이 3개월 만에 갈
라져 여론이 들끓었던 일이다[2]. 갈라진 현판의 판재가 금강소나무로 만들어진 것인
지에 대한 진위 논쟁으로까지 비화했고, 문화재청은 현판제작위원회까지 구성하여
새롭게 현판을 준비하는 작업에 착수하기도 했다[3].

---

1   중앙일보 2013년 11월 12일자 '숭례문 복구 어떤 문제 있었기에' 기사를 필두로 다양한 매체가 소나무
    재 건조의 적합성, 금강송의 여부에 대한 논의를 촉발하였다.
2   동아일보 2010년 11월 4일자 '복원 3개월도 안 돼 금간 광화문 현판' 기사와 함께 다양한 매체가 현판으
    로 사용된 목재가 금강송이 아니라 육송이라는 한 국회의원의 주장을 보도했다. 이에 전영우는 조선일보
    2010년 11월 17일자에 '금강송? 육송? 논쟁 좋아하는 세태'라는 기고문을 통해 금강송의 실체에 대한
    막연한 기대는 과학적이 아님을 지적했다.
3   문화재청 2011년 1월 24일자 보도자료, '광화문 현판 재(再) 제작을 위한 현판제작위원회 구성 개최'

숭례문 부실 복구의 주요 원인으로 건축재로 사용된 소나무재의 적합성 여부가 지목되었듯이, 2008년 화마로 불탄 숭례문 복구의 가장 큰 걸림돌은 기둥감으로 사용할 줄기가 굵은 소나무, 대경목(大徑木)의 확보였다. 그 단적인 예는 2008년 2월 11일부터 2009년 2년 26일까지 숭례문 복구용 소나무 확보에 관한 기사를 총 110여 회나 다루고 있는 언론[4]의 관심으로 확인할 수 있다.

숭례문 복구사업의 착공 전에는 기둥감으로 쓸 소나무 대경목을 구하는 것이 가장 큰 과제였고, 복구사업이 준공된 뒤에는 2층 동쪽 문루의 터진 소나무 대경재(大徑材) 기둥이 부실의 사례로 입방아에 오르내린 것을 감안하면, 도대체 한국인에게 소나무란 무엇이며, 특히 궁궐 건축재로서의 소나무는 어떤 의미를 간직하고 있는지 다시금 생각하게 만든다. 숭례문 복구와 관련된 소나무에 대한 언론의 문제 제기는 우리 사회에 소나무를 목조문화재용 건축재, 특히 궁궐 건축재로 사용하는 이유와 함께 소나무의 재질 특성은 물론이고 소나무재의 생산과 조달 체계에 대한 다양한 논쟁을 촉발시키는 계기가 되었다.

---

4 SBS TV 2008년 2월 12일 "숭례문 복원, 빨라도 3년"…목재 확보가 걸림돌, MBC TV 2008년 2월 12일 "지름 1미터 금강송 어디에?"에서부터 강원일보 2008년 9월 30일자 "삼척 준경묘 간다", 대전일보 2009년 2월 24일자 "보령·서천 소나무도 숭례문 복원에 사용" 등의 기사가 이어졌다.

숭례문 화재(2008. 2. 10)

숭례문 복구 준공식(2013. 5. 4)

1. 갈라진 소나무 기둥

🕀

    목재와 관련하여 언론이 제기한 숭례문 부실 복구의 사례는 크게 두 가지로, 갈라진 기둥과 금강송의 진위 여부였다. 기둥이 갈라진 원인으로, 짧은 공사 기간에 재목으로 사용한 소나무의 건조 기간이 부족했기 때문에 발생한 부실일 수도 있다는 지적이 먼저 제기되었고, 기둥감 목재로 금강송이 아닌 육송(또는 러시아 산 소나무)을 사용했기 때문이라는 보도가 뒤를 이었다.

    언론이 먼저 기둥이 갈라진 원인으로 제기한 건조의 문제는 공사 기간의 적정성은 물론이고 소나무 기둥감의 건조 방법(인공 건조 대 자연 건조)에 대한 논쟁으로 이어졌다[5]. 그 논쟁은 소나무의 재질 특성상 건조만 충분히 하면 잘 터지지 않는 것인데, 옳게 건조하지 않은 결과 터지게 되었다는 주장을 담고 있었다. 이러한 문제 제기에는 부실 복구의 사례로 들먹인 갈라진 기둥은 짧은 복구 기간 때문이라는 전제가 깔려 있었다.

    소나무 기둥의 터짐 현상(균열, 갈램)에 대해 나무를 다룬 대목이나 문화재청의 감

---

[5]   조선일보 2013. 12. 17일자 기사 '문화재 복원, 전통을 넘어 과학으로'

리 규정[6]에는 터짐 현상은 자연적 현상이며, 어느 수준까지는 터짐 현상이 용인된다[7]
고 해명하고 있다. 하지만 그러한 내용을 언론은 기사에 충분히 반영하지 않거나 또
는 그 내용 자체를 무시했다. 소나무 기둥의 터짐 현상은 건조 여부와 관계없이 갈
라질 수도 있다. 예전의 공사에서도 마찬가지로 갈라졌던 나무인데, 언론의 과도한
문제 제기로 사태가 확대된 것은 아닌지 따져봐야 할 대목이다.

결국 이러한 문제 제기는 소나무의 재질 특성이 궁궐과 같은 거대한 구조물을
지탱할 수 있을 만큼 구조·역학적으로 적합한 건축재인가라는 근본적인 문제와도
연결된다. 더불어 소나무는 이 땅에 생육하는 다른 수종과 비교했을 때 재질 특성이
건축재로서 뛰어난 것인지 또는 다른 나라의 용재수와 비교했을 때 건축재로서 적
당한 수종인지에 대한 논의도 필요하다.

6 문화재청의 '문화재 수리표준 시방서(2013)' 96쪽에 육안으로 검사하여 다음과 같은 결점이 있는 목재는
   사용할 수 없다고 밝힌 항목 중 '갈램 폭이 한 곳이라도 60mm 이상이거나 동일 횡단에서 갈램 폭의 합산
   길이가 원주의 1/10 이상인 경우'를 명기하고 있다.
7 조선일보 2013년 12월 17일자 '숭례문 기둥은 왜 몇 달 만에 갈라졌을까'

중앙일보

2013년 11월 07일 (목)
01면 종합

숭례문 복원에 엉터리 목재
기둥·추녀 갈라지고 틀어져

국보 못 지키는 나라, 아직도 -〈상〉 ▶4,5면

숭례문 2층 문루의 동쪽 기둥이 9m아래로 8m 이상 길게 갈라져 있다. 다른 기둥의 광명부가 안쪽까지 단절 단열로 채워진 것과 달리 나무의 속이 허얗게 드러나 보인다. 전문가들은 "건조 과정에서가 아니라 단청 채색이 끝난 뒤 갈라지기 시작했다는 증거로 의문이 있는 이 균열이 발견된 뒤 문의해왔으나 답이 오지 않았다.

박종근 기자

29.2 X 24.8 cm

숭례문 터진 기둥 사진이 실린 기사(중앙일보 2013년 11월 12일)

터진 광화문 현판(2010. 12. 24)

광화문 추녀용 목재 건조시에 나타난 갈램 현상(한국전통문화재단, 2009. 6. 27)

2. 금강송 진위 여부

언론의 두 번째 문제 제기는 금강송의 진위 여부였다. 한 주간지에 의해 제기된 의혹은 숭례문 복구사업에 사용된 목재 중 러시아산 소나무가 있으며, 금강송 한 그루의 재목 가치가 5,000만 원[8]에 달한다는 것이었다. 그로 인해 다시금 사람들의 관심이 집중되었고, 많은 언론 매체들이 앞다투어 이 기사를 인용 보도함에 따라 문화재청은 숭례문에 사용된 기둥감 목재의 금강송 진위 여부를 밝히고자 유전자와 나이테 분석을 전문가에게 의뢰[9]하기에 이르렀다.

---

8 시사저널은 2013년 12월 11일 1261호의 '숭례문 기둥에 러시아 소나무 썼다' 제목의 기사에서는 경찰청 지능범죄수사대의 입을 빌려 "숭례문 복원 과정에서 일부 기둥과 대들보 등에 우리나라 금강송(금강형 소나무)이 아닌 수입산 러시아 소나무가 쓰인 것으로 밝혀져 큰 파문이 예상된다"고 보도하고, "숭례문에 쓰인 금강송 기둥의 경우 개당 5,000만 원대로 비싸다. 이에 비해 러시아산은 그 100분의 1 수준인 50만 원에 불과하다"고 보도하고 있다.

9 KBS 2013년 12월 18일 저녁 6시 뉴스는 "문화재청은 오늘 숭례문 복구에 사용된 나무가 강원도 삼척의 금강송과 동일한 수종인지의 여부를 확인하기 위해 유전자와 나이테 분석을 의뢰했다고 밝혔습니다"라고 보도하고 있다. 동아사이언스 2014년 1월 8일자 〈금강송' vs '구주송'…외관으로는 구분 불가(不可) DNA나 나이테 분석해야〉 기사는 해부학적으로 구별하기가 쉽지 않으나 "우리나라 소나무와 구주소나무의 엽록체 DNA 중 두 군데의 염기가 차이가 난다"며 "이 부분 중 한 부분만 자르는 'Sac I'이라는 효소를 이용하면 두 나무를 구별할 수 있다"고 보도했다. 이 제한효소를 이용하면 우리나라 소나무의 DNA만 선택적으로 잘라 구주소나무와 구별할 수 있다는 얘기다.

약 2개월이 지난 후, 숭례문 복구사업에 러시아산 소나무를 사용했다고 문제 제기를 했던 언론사는 언론중재위원회의 결정에 따라 러시아산 목재 보도에 대한 정정보도[10] 기사를 실었고, 금강송과 러시아산 목재의 진위 여부를 나이테로 조사하던 한 교수는 한 언론사와 인터뷰를 한 후, 돌연 스스로 생을 마감하는 불행한 사태도 발생하였다[11]. 지난 3월 초 경찰청은 문화재청이 국립산림과학원에 분석을 의뢰했던 숭례문의 목재 시료는 국내산 소나무 유전자 DNA만 검출[12]되었다고 발표했다.

우리는 숭례문 복구에 관련된 일련의 전개 과정을 통해서 목조문화재 복원(복구) 사업에 금강송이 중요한 건축재임을 다시 한 번 확인할 수 있었다. 그로 인해 도대체 금강송이 언제 어떻게 궁궐 건축재로 자리 잡게 되었는지 궁금증을 가질 수밖에 없었다. 금강송의 진위 여부에 대한 논란은 어떤 소나무를 금강송이라고 분류할 것인지와 관련되어 있다. 영동지방의 곧은 소나무를 흔히 금강송이라 일컫고 재질도 우수한 소나무로 알려져 있지만, 실상은 그렇지 않기 때문에 여러 문제가 발생한다. 목상이나 대목들은 영동지방 산(産) 모든 소나무들을 재질이 우수한 건축재로 인정하지 않고 있다. 같은 장소에서 자라 곧은 줄기, 좁은 수관폭 등의 유사한 외형을 가진 소나무일지라도 벌채하여 재질을 서로 비교해 보면 제각기 다르게 나타나기 때

---

10 시사저널 2014년 1월 29일자에 발행된 1269호에는 "수사에 착수한 것은 사실이나 경찰이 구체적인 증언을 확보했다거나 CCTV 영상을 확보했으며, 러시아산 소나무 3~4개가 사용된 것을 확인하였다는 등의 보도 내용과 관련해 수사책임자가 확인해 준 사실이 없다고 밝혀왔기에 이를 알려드립니다. 이 보도는 언론중재위원회의 조정에 따른 것입니다"라는 정정 보도기사가 실렸다.

11 JTBC 2014년 3월 30일자 [탐사플러스 7회] '숭례문 부실 공사와 엘리트 교수의 죽음'이란 제목의 프로그램에서는 "문화재청이 국민 기증목 388본의 재료적 특성을 평가해 달라고 함께 요청했고, 박 교수는 수장고에서 기증목을 둘러보고 이 중 5본의 나무를 골라 샘플 조사를 했습니다. 샘플 기증목이 모두 문화재 표준 시방서의 강도 기준을 충족하지 못한 것으로 나왔고, 자문위원회에서도 같은 평가를 거쳐 문화재청에 최종 보고했습니다"라는 내용이 언급되고 있다.

12 동아일보 2014. 3. 5일자 기사, '숭례문 복원 소나무, 국내산 판명'

문이다. 그 구체적인 사례는 금강소나무의 대표적인 산지라고 알려진 울진 소광리 일대에서 벌채한 나무들이 집재되어 있는 다음의 사진으로 확인할 수 있다.

이 사진 속의 벌채목은 대부분 변재보다 심재의 비율이 훨씬 큰 형상을 띠고 있다. 그러나 모든 벌채목들이 심재율이 큰 형상을 띠고 있지는 않다. 자세히 살펴보면 심재 부위가 다른 나무들에 비해 월등히 적은 형상을 간직한 목재들도 있음을 알 수 있다. 즉, 영동지방 중에서, 금강소나무의 대표적 산지라고 알려진 울진 소광리에서 벌채한 나무일지라도 재질이 제각각임을 보여주고 있는 것이다.

숭례문에 사용된 금강송의 진위 여부와 함께 확인해야 할 또 다른 사항은, 예로부터 금강송은 과연 건축재로서 최고의 재질을 가진 소나무라고 인식되었던가, 하는 점이다. 오늘날 경복궁과 숭례문과 같은 문화재 복원사업에 금강송을 사용하는 것을 당연시함에 비추어볼 때, 조선시대의 궁궐 축조에도 오늘날처럼 금강송만을 고집했는지 살펴볼 필요가 있다. 만일 조선시대의 궁궐 축조에 금강송 이외의 소나무들이 궁궐 건축재로 사용되었을 경우, 오늘날 우리 사회가 갖고 있는 '금강소나무=최고의 소나무'란 맹목적 믿음은 어디서 유래된 것인지도 살펴보아야 할 대목이다.

경북 울진 소광리의 집재된 심재율이 각기 다른 금강송(1996. 10. 19)

소광리 소나무림(2007. 10. 12)

3. 최고의 건축재 소나무?

언론이 숭례문 동쪽 문루의 소나무 기둥이 터진 일이나 또는 광화문 현판이 갈라진 일에 관심을 갖고 대서특필하는 이유는 건물의 얼굴 격인 현판이나 막 준공된 국보의 기둥이 갈라지는 현상을 비정상으로 본 고정관념을 무시할 수 없다. 소나무(또는 금강송)는 갈라지면 안 될 좋은 건축재이거나 또는 좀 더 극단적으로 최고의 재목이라는 믿음이 우리 사회에 녹아 있기 때문이다.

근정전과 같이 1870년대에 축조된 옛 궁궐 건축물의 내부 기둥은 물론이고, 1950년대 축조된 월정사 적광전의 아름드리 기둥들도 갈라졌다. 하지만 이들 기둥들이 웅장한 지붕을 떠받치는데 구조적으로 하등의 문제도 없이 제 역할을 다하고 있는 현상을 어떻게 봐야 할까? 지방 곳곳의 소나무로 지은 목조문화재의 기둥과 보가 갈라지고 금이 간 현상은 무시하면서 소나무를 결코 갈라지면 안 될 완벽한 재료마냥 여기는 우리들의 고정관념은 어떻게 형성되었을까?

건축재 소나무와 관련된 이런 의문을 풀기 위해 다음과 같은 항목을 차례로 살펴보자.

근정전 터진 기둥(2005. 6. 10)

월정사 적광전 터진 기둥(2013. 11. 23)

• 소나무를 궁궐 복원(구)용 건축재로 사용하는 배경은 무엇인가? (2장 1부)

• 금강소나무, 춘양목, 강송과 조선시대의 황장목은 어떻게 유래되었는가? (2장 2부)

• 금강소나무는 재질이 우수한 독립된 소나무 품종인가? (2장 3부)

• 궁궐재로 사용할 만큼 소나무의 재질은 뛰어난가? (2장 4부)

• 경복궁과 숭례문 복원(구)용 소나무의 산지와 조달 물량은? (3장)

• 조선시대 궁궐재로 사용된 소나무의 산지와 조달 물량은? (4장)

• 궁궐 복원(구)용 소나무의 육성과 조달 정책은 있는가? (5장)

　　이상과 같은 의문을 풀기 위한 첫걸음으로, 먼저 우리 조상들이 조선시대 궁궐 축조에 소나무를 건축재로 사용하게 된 생태적·문화적 배경을 살펴볼 필요가 있다. 또한 건축재 소나무의 특성을 파악하기 위해 소나무란 수종의 특성에 대해서도 알아볼 필요가 있다.

목재의 균열

　　목재의 균열은 수목의 생장기에 과도한 열, 서리 또는 바람에 의한 왜곡(비틀어짐)이나 건조과정의 수축으로 발생하는 자연현상이다. 균열은 나이테를 따라 호상(弧狀)으로 생긴 균열(호상갈램, Cup Shake), 목재 내부에서 방사방향의 심재방사균열(방사갈램, Heart Shake), 나이테를 따라 링모양으로 생긴 균열(윤할(輪割), Ring Shake), 변재방사균열(성열(星裂), Star Shake) 등으로 나눌 수 있다. 이들 균열 중 목재 함수율의 감소로 인해 목재 외부 표면이 수축하여 발생한 균열이 변재방사균열이다. 변재방사균열은 내외부 목재 간의 함수율에 의한 차이로 주로 발생한다.

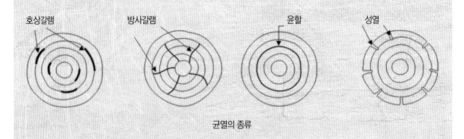

균열의 종류

　　소나무의 줄기가 터지는 이유는 목재 조직 내 함수율의 변화에 따른 방향별 수축과 팽윤율이 각기 달리 나타나기 때문이다. 목재 조직이 방향별로 각기 달리 나타나는 이러한 성질을 '목재의 수축 팽윤 이방성'이라 하며, 그 이방성의 형태는 일반적으로 접선방향 (Tangential Direction) : 방사방향(Radial Direction) : 주축방향(Axial Direction)의 비로 표시한다.

일반적으로 수목의 접선방향과 방사방향과 주축방향의 개략적인 이방성의 비는 100 : 60 : 4 정도이며, 이러한 수치는 나이테 방사방향(나이테와 수평방향)으로 일어나는 수축률은 나이테와 횡단방향(나이테와 직각방향)으로 일어나는 수축보다 약 두 배나 크다는 것을 의미한다. 목재는 일반적으로 수목의 생장방향인 주축방향 조직(섬유세포)의 수축률이 가장 적고, 방사방향 조직은 주축방향보다 열다섯 배나 수축률이 크고, 접선방향은 주축방향보다 스물다섯 배, 방사방향보다 약 두 배나 더 크다는 것을 의미한다.

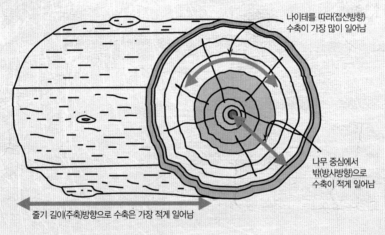

나이테를 따라(접선방향)
수축이 가장 많이 일어남

나무 중심에서
밖(방사방향)으로
수축이 적게 일어남

줄기 길이(주축)방향으로 수축은 가장 적게 일어남

목재의 방향별 수축률

소나무의 경우 수축 팽윤 이방성은 접선방향(9.11) : 방사방향(4.88) : 주축방향(0.31)이고, 강송의 경우에는 8.39 : 4.57 : 0.36의 비율이다[13]. 결국 나이테와 접선으로 연결된 목

13 이화형, 위 흡, 이원용, 홍병화, 박상진. 1989.『목재물리 및 역학』. 향문사

부세포들의 수축률이 다른 방사조직이나 가도관의 수축률보다 월등히 크기 때문에 그 변화에 의해서 접선 방향의 조직이나 세포가 찢어져서 종국에는 길게 터지는 셈이다. 따라서 소나무 기둥이 갈라지는 이유는 종단면(주축방향)의 수축률은 미약한 반면 나이테 횡단면의 수축률은 조금 있으며, 나이테 선을 따라(방사방향) 일어나는 수축률은 종단면이나 횡단면에 비해 훨씬 크기 때문에 발생한다.

접선방향, 방사방향, 주축방향의 수축률의 차이에 의해 갈라지는 목재

어떻게 하면 터짐을 방지할 수 있을까? 공사하기 전에 목재를 비축하고, 적당한 시간 동안 자연 건조를 시키면 목재 전체의 함수율이 줄어듦에 따라 수축과 팽윤의 양이 줄어들어 어느 정도의 터짐을 방지할 수 있을 것이다. 일본의 경우, 원목 기둥의 한 방향을 인공적으로 미리 터지게 켜줌으로써 이런 터짐 현상을 사전에 방지하기도 하는데, 한국의 경우에는 한지를 나무 주변에 발라주어 터짐을 방지하는 방법도 추구하고 있다.

나이테 분석 방법

나무의 종류나 산지를 확인하고자 나이테 분석법을 활용하는 경우가 있는데, 이유는 나무의 나이테 안에 시간적, 공간적 생육 기록이 저장되어 있기 때문이다. 미국의 천문학자 더글라스(Andrew E. Douglass)에 의해 1901년 개발된 나이테 분석 방법은 연륜연대학(Dendrochronology : 시간적, 공간적 과정의 패턴을 분석하기 위해서 나무 나이테 형성의 정확한 연도를 연구하는 학문), 연륜고고학(Dendroarchaeology : 목재의 벌채, 운반, 제재했을 때나 또는 건축물이나 공예품에 사용되었을 때의 연대를 확인하는 학문), 연륜기후학(Dendroclimatology : 나무의 나이테를 이용하여 현재 기후를 연구하고 과거 기후를 재구성하는 학문), 연륜생태학(Dendroecology : 지구 생태계에 영향을 미치는 요인을 나무의 나이테를 이용하여 연구하는 학문)의 연구에 활용되고 있다.

나무의 나이테는 봄에 자란 춘재(春材)와 여름부터 가을에 자란 추재(秋材)로 구성되어 있다. 생육 환경이 좋은 봄에 형성된 춘재는 세포의 지름이 크고 세포벽이 얇은 반면, 여름부터 가을에 형성된 추재는 세포의 지름이 작고 세포벽이 두껍다. 그래서 춘재와 추재 사이에는 선명한 경계선이 형성된다. 이런 일반적인 특성은 수목의 생육 환경이 제한적으로 변할 경우(예를 들면 저온과 가뭄 등) 춘재와 추재를 형성하는 세포의 수와 밀도에도 그대로 반영된다.

　　동일한 장소에서 자라는 수목일지라도 수목의 부피(비대) 성장량은 일반적으로 온화하고 강수량이 풍부한 해에는 많고, 기온이 낮고 강수량이 적은 해에는 적다. 좋은 생육 환경의 조건에서는 나이테의 폭이 넓고 세포의 밀도도 높은 반면, 나쁜 생육 조건에서는 낮은 밀도와 좁은 폭의 나이테를 가지기 때문이다. 따라서 특정한 시기에 자란 동일한 장소의 수목은 유사한 나이테 생장 패턴을 나타낸다. 러시아 산 소나무와 금강소나무 역시 생육 장소와 기후가 각기 다르기 때문에 나이테 생장 패턴도 다를 수밖에 없다. 나이테 분석법으로 숭례문에 사용된 목재의 산지를 추정할 수 있는 이유도 여기에 있다.

　　하지만 나이테 분석 방법으로 수목의 생육 장소나 수종을 판별할 수 있는 데는 한계가 있다. '주변 나무와 너무 가까이 있어서 기후에 대한 반응을 능가할 정도로 생존 경쟁의 피해를 받은 나무, 지하수가 아닌 수원(샘, 강) 근처에서 자란 나무, 상처를 입었거나 병든 나무'의 나이테를 시료로 사용할 경우, 고유의 생육 패턴이 달리 나타나기 때문에 이들 나무는 시료로 사용하지 않는 것이 좋다. 문제는 벌채된 목재들의 생육 이력이 낱낱이 기록되어 있으면 이러한 나무를 피할 수 있지만, 현실은 그런 이력이 없다는 점이다.

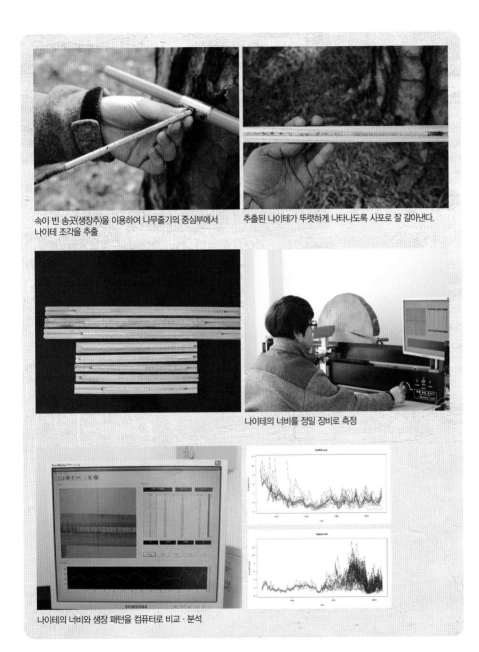

속이 빈 송곳(생장추)을 이용하여 나무줄기의 중심부에서 나이테 조각을 추출

추출된 나이테가 뚜렷하게 나타나도록 사포로 잘 갈아낸다.

나이테의 너비를 정밀 장비로 측정

나이테의 너비와 생장 패턴을 컴퓨터로 비교·분석

제2장

궁궐 건축재 소나무

1. 소나무가 궁궐 건축재로 자리 잡은 배경

조선 초기 한양을 중심으로 토목공사와 건축공사가 활발하게 진행되었다. 임진왜란 후부터 전란으로 불탄 궁궐과 각종 관영(官營)의 복구공사를 비롯하여, 다양한 건축물에 대한 중건, 중수, 수리공사도 병행되었다. 목조가구식 구조로 이루어진 전통건축 특성상 가장 중요한 자재는 목재였고, 관수용 구조재의 대부분은 소나무였다[1].

따라서 소나무는 조선 초기부터 왕실이 주목한 중요한 임산자원이었다. 조선 초기부터 송목금벌(松木禁伐, 즉 송금(松禁))정책을 강력히 시행한 이유도 불완전한 소나무의 공급을 해결하고 원활한 조달을 위한 조선 왕실의 의지가 반영되었기 때문이다[2]. 조선 왕실의 송금 의지는 조선시대의 법전에도 나타나는데, 『경국대전(1485년)』의 금산(禁山), 『속대전(1746년)』의 황장봉산(黃腸封山), 『대전통편(1785년)』의 '형전 금제조'의 금산소나무 벌채에 대한 벌칙, 『대전회통(1865년)』의 '형전 금제조'의 의송산(宜松山)

---

1   영건의궤연구회. 2010 『영건의궤』. 동녘
2   전영우, 1993. 조선시대의 소나무 시책(송정 또는 송금). 숲과 문화총서 1. 『소나무와 우리 문화』. 전영우편. 숲과 문화연구회

선재(船材) 작벌에 대한 형벌 등에서 그 의지를 엿볼 수 있다.

조선 왕실의 송금정책은 다산 정약용의 『목민심서』 공전(工典) 육조(六條) 제1조 산림편(山林編)에 "우리나라의 산림정책은 오직 송금 한 가지 조목만 있을 뿐 전나무, 잣나무, 단풍나무, 비자나무에 대해서는 하나도 문제 삼지 않았다(乃我邦山林之政 唯有松禁一條 檜柏楓榧 一無所聞)"는 내용을 통해서도 확인된다. 다산의 주장을 증명이라도 하듯 조선시대의 산림정책 대부분은 소나무와 관련된 송정(松政)이었다[3].

소나무가 조선시대에 산림정책의 중심으로 자리 잡고, 주 건축재로 이용될 수밖에 없었던 이유는 생태적 측면과 문화적 측면에서 고찰할 수 있다.

생태적 배경

목조 건축물이나 목조 유물 중, 사용된 목재의 종류는 시대에 따라 선사시대의 참나무에서 고려시대의 느티나무로, 조선시대는 느티나무에서 다시 소나무 중심으로 각각 바뀌었다[4]. 선사시대와 역사시대의 건축물에 사용된 재목을 해부학적으로 분석한 연구 결과가 이를 뒷받침한다. 현존하는 건축물이 남아 있지 않은 고려시대 이전의 경우, 박원규 교수는 건축에 사용된 재목의 변천 과정을 분석하고자 집터나 주거지에서 출토된 기둥과 같은 건축물 부재를 활용하여 수종을 추정하였다. 고려 시대의 목조 건축재 분석은 부석사 조사당, 수덕사 대웅전, 봉정사 극락전 등 여섯 채의 건물을 포함시켰으며, 현존하는 건물이 많이 남아 있는 조선시대의 경우, 임진

---

3   전영우. 2004. 『우리가 정말 알아야 할 우리 소나무』. 현암사

4   이광희, 박원규. 2010. 선사와 역사시대 건축물에 사용된 목재 수종의 변천. 『느티나무와 우리 문화』. 숲과 문화총서 18. 3-27. 도서출판 숲과 문화

왜란 이전(1392년~1592년)의 전기, 임진왜란 이후부터 경종 말년(1592년~1724년)의 중기, 영조대부터 순종 말년(1725년~1910년)의 후기로 나누어 분석했다. 총 5,848점의 건축 부재에 대한 수종 분석 결과는 표 1과 같이 나타났다.

박원규 교수의 연구 결과에 의하면, 선사시대 때 구조재로 쓰인 수종은 대부분 참나무(94%)였고, 그 다음 순으로 소나무(4%)가 확인되었다. 삼국시대의 경우, 건축재로 사용된 수종이 참나무(54%) 이외에 굴피나무(21%), 밤나무(13%)의 순으로 여전히 활엽수 건축재가 다수를 차지한 반면, 소나무(6%)는 선사시대와 마찬가지로 소수의 비율로 나타났다.

표 1. 시대별 건축재로 사용된 주요 수종

시대구분		건축재로 사용된 주요 수종의 비율				
		제1수종	제2수종	제3수종	제4수종	제5수종
선사시대		참나무(94%)	소나무(4%)	벚나무	가래나무	오리나무
삼국시대		참나무(54%)	굴피나무(21%)	밤나무(13%)	소나무(6%)	느티나무(1%) 팽나무(1%) 뽕나무(1%)
고려시대		소나무(72%)	느티나무(22%)	잣나무(5%)	참나무(1%) 피나무(1%)	
조선시대	전기 중기	소나무(73%)	참나무(14%)	느티나무(9%)	전나무(2%) 잣나무(2%)	
	후기	소나무(89%)	전나무(5%)	참나무(4%)	느티나무	밤나무

(출처 : 이광희와 박원규(2010))

활엽수가 건축 구조재의 대부분을 차지하던 선사시대와 삼국시대의 추세는 고

참나무 숲(울산광역시 소호리 2003. 9. 17)

느티나무 숲(경기도 광릉시험림 2003. 4. 22)

려시대에 이르러 급격하게 소나무재 중심으로 변했다. 고려시대의 건축재는 소나무 (72%)가 다수를 차지하고, 그다음 순으로 느티나무(22%)가 많이 사용되었던 것으로 나타났다. 대신에 선사시대와 삼국시대에 건축재로 많이 사용되었던 참나무의 사용 비율은 1%로 급격히 감소하였다. 건축재가 소나무 중심으로 변한 추세는 조선 전기(73%)에도 이어지고, 조선 후기(89%)에 이르러서는 오히려 심화되고 있다. 조선 전기와 중기에 건축 구조재의 약 1/4이 참나무(14%)와 느티나무(9%)였던 것에 비해 조선 후기에는 5% 내외의 활엽수재만이 건축재로 활용되고 있다.

이와 유사한 연구는 국립산림과학원의 정성호 박사의 연구[5]를 통해서도 확인된다. 정성호 박사에 의하면, 부석사 무량수전(국보 제18호)의 배흘림기둥, 수덕사 대웅전(국보 제49호), 해인사 장경판전(국보 52호), 미황사 대웅보전(보물 제947호) 등의 축조에 사용된 재목들 중 일부가 느티나무로 밝혀졌고, 송광사 국사전의 기둥에서는 난대성 수종인 구실잣밤나무도 발견되었다.

국립산림과학원이 2005년 실시한 '주요 문화재의 수종 구성' 연구[6]는 목조문화재에 사용된 건축재의 수종을 밝히고 있다. 국립산림과학원의 연구결과에 의하면 국보급 문화재 13종, 보물급 문화재 66종에 사용된 기둥 부재 각각 302점과 707점을 조사한 결과, 총 19개 수종의 재목이 사용되었으며, 국내산 재목은 소나무, 느티나무 등 11개 수종이었고, 외국산 재목은 더글라스 퍼, 헴록 등 여덟 수종이 근래 보수 과정에서 사용된 것으로 조사되었다.

이들 조사된 66개소 보물급 목조문화재 중 사찰 건축물이 45개소였고, 조사된 사찰 건물의 기둥은 소나무 46%, 느티나무 35%, 상수리나무 7%로 조사되었다. 21

5   정성호. 2007. 목조건축문화재의 수종. 한옥문화(韓屋文化). 제18호 : 60-61. 한옥문화원
6   국립산림과학원. 2005.『주요문화재의 수종 구성』

부석사 무량수전(2009. 10. 29)

수덕사 대웅전(출처 : 문화재청)

해인사 장경판전(출처 : 문화재청)

미황사 대웅보전(2011. 1. 16)

개소의 보물급 목조문화재는 가옥, 누각, 정자, 관아 등이었고, 이들 건물의 기둥은 소나무 86%, 느티나무 7%로 나타났다.

기둥 부재에 사용된 재목의 수종은 축조 연대와 시대에 따라 변했다. 고려시대의 기둥 부재는 느티나무가 약 55%, 소나무가 40%의 비율이었고, 조선 전기에는 느티나무와 소나무가 각각 40%대 전반이었으며, 조선 후기에는 느티나무가 약 21%, 소나무는 약 72%의 비율로 나타났다.

전국의 목조건축문화재 160곳의 부재 2,000여 점을 해부학적으로 분석해 본

결과 소나무가 가장 많았고, 그다음으론 느티나무로 나타난 연구[7]도 있었다. 이 연구에 의하면 목조건축문화재 기둥으로 사용된 수종은 고려시대의 경우, 느티나무가 55%, 소나무는 40%, 기타 5% 정도였다. 조선시대에 이르러 소나무가 느티나무보다 더 많이 사용되었고, 중기를 거쳐 후기로 내려올수록 소나무의 비율(72%)은 훨씬 높아지고 느티나무의 비율(21%)은 상대적으로 낮아졌다고 밝히고 있다.

목조건축문화재에 사용된 수종 분석에 있어서 박원규 교수팀과 국립산림과학원의 연구 결과가 상이하게 나온 이유는 조사 표본수의 차이, 조사한 부재의 종류 등이 각각 다르기 때문일 것이다. 이들의 연구 결과를 정리하면,

- 선사시대에서 삼국시대에 이르기까지 참나무, 느티나무와 같은 활엽수들이 건축재로 주로 사용되었다.
- 고려시대부터 소나무 건축재의 사용 빈도가 40~70% 이상으로 증가하였으며, 느티나무도 건축재의 20~55% 정도가 사용되었다.
- 조선 전기와 중기에는 고려시대만큼 소나무 건축재(73~40%)가 빈번하게 사용되었고, 그다음으로 참나무(14%)와 느티나무(9%)가 건축재로 가끔 사용되었다.
- 조선 후기에 이르러서는 건축재의 대부분이 소나무 건축재(89~72%)로 충당되었으며, 참나무와 전나무가 나머지 부분을 담당했다.

참나무와 느티나무와 같은 활엽수들이 건축재로서 우수한 특성을 지녔을지라도 계속된 벌채로 인가 주변에서 고갈되었거나, 또는 이들 유용 활엽수들이 원거리에서 설사 자라고 있을지라도 오늘날과 달리 운용할 수 있는 중장비가 없고 도로가 잘

7   정성호. 2007. 앞의 논문

발달되지 못했던 중세시대에 무거운 목재를 벌채하여 먼 거리까지 운반하기란 지난한 일이었을 것이다.

또한 건축재의 종류가 활엽수재에서 소나무재로 변하게 된 원인의 일부는 역사 발전에 따른 인구 증가에서 찾을 수 있다[8]. 고려시대부터 조선시대에 이르기까지 인구는 계속 늘어났고, 그에 따라 목재의 수요도 함께 늘어났다. 인구 증가는 곡물 생산의 증대를 요구했고, 그 결과 인구 밀집 지역의 산림은 농경지로 개간되었다. 개간지의 생산성을 유지하고자 마을 주변의 산림은 농경에 필요한 퇴비 생산에 필요한 임상(林末) 유기물과 활엽수의 지속적 채취로 점차 척박해졌다[9]. 결국 척박한 토양에서도 살아갈 수 있는 생명력이 강한 소나무만이 살아남게 되었고, 다행스럽게도 소나무는 60년 이상 키우면 건축재로 사용할 수 있는 적당한 크기로 자랐다. 따라서 조선시대에 이르러 활엽수재 대신에 소나무가 주된 건축재로 자리잡게 된 배경은 우리 농경문화의 발전에 따른 인구 증가와 인가 주변에 건축재로 사용할 만한 참나무와 느티나무와 같은 활엽수들이 고갈되어 많지 않았고, 오히려 소나무들이 운송이 편리한 연안과 강변 주변에 다량으로 자라고 있었기 때문이라고 유추할 수 있다. 다른 수종으로 대체할 수 없는 건축재 소나무의 역할과 비중은 조선 정부의 산림정책을 소나무 중심인 송정(松政)으로 전개하게끔 만든 동력이었다[10].

---

8 통계청에서 1992년 발간한 '한국통계발전사'에 의하면, 조선 초기의 인구는 400여만 명 수준이었고, 중기에는 700여만 명, 말기에는 1,000만 명 정도였다고 한다. 고려시대의 인구는 고려도경에 210만 명으로 기록되어있다.

9 김준호. 1995. 『문명 앞에 숲이 있고 문명 뒤에 사막이 남는다』. 웅진출판

10 전영우. 1993. 앞의 논문

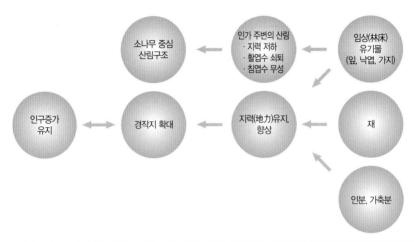

농경의 발달과 소나무 숲의 번성을 나타내는 도식도. 인구 밀집 지역의 활엽수림이 소나무 단순림으로 변하게 된 근본적인 이유는 우리 조상들이 주변의 활엽수림에서 임상유기물을 지속적으로 약탈하여 경작지의 지력을 유지했기 때문이다. 그 결과 인가 주변의 활엽수림은 쇠퇴하고 생명력이 강한 소나무림이 무성하게 되었다.

문화적 배경

　　선사시대부터 건축재로 사용된 목재의 종류를 비교할 볼 때, 소나무는 조선시대 조상들이 선택한 최고의 재질을 가진 목재라기보다는 선택할 수 있는 최선의 재목이라 할 수 있다. 1990년대 초반까지만 해도, 임업(林學)계의 종사들은 소나무 이외의 나무들을 잡목(雜木)이라 불러왔고, 그러한 관행은 활엽수에도 적용되어 정확한 수목명 대신에 활잡(闊雜)이란 불분명한 묶음 명칭으로 분류했다[11]. 소나무 이외

11　"우리나라에서는 '활잡목'이라는 말이 있고, 지금도 쓰여지고 있다. 아마 소나무를 가장 중시하고 참나무를제외한 기타 활엽수들은 대수롭지 않게 여겼던 조선시대에 정착된 말인 것 같다. 현재의 영림계획예규에서도 특별히 열거되어 있는 20개 수종 이외의 활엽수는 잡목으로 일괄 취급하고 있다." 고영주. 1992. 숲에 대한 독일인의 인식과 산림작업의 적용.〈숲과 문화〉1권 1호

의 나무들을 잡스러운 나무로 취급한 고정관념 속에는 소나무가 최고의 재목일 것이라는 전통적 믿음이 있었고, 그 배경에는 조선시대 500년 동안 지속되어 온 소나무 중심의 산림정책이 있었다.

소나무가 최고의 재목이라는 전통적 믿음이 형성되는 데는 농경문화 속에서 꽃 핀 장생, 절개, 지조, 탈속, 풍류와 같은 정신적 가치를 고양했던 소나무의 상징성도 한몫을 했다[12]. 조상들이 발달시킨 소나무의 형이상학적 상징은 농경사회에 뿌리내린 소나무의 물질적 유용성과 함께 소나무를 최고의 재목으로 인식시키는 데 일조를 했다. 오늘날에도 소나무의 상징적 의미가 최고의 정신적 가치로 인식되어 한국문화를 상징하는 대표적 아이콘으로 선정된 사례처럼[13], 소나무 고유의 물질적 특성도 최고일 것이라는 기대를 조상들이 갖는 것은 자연스러운 과정이었다.

따라서 오늘날 우리(언론)들이 복구된 숭례문의 갈라진 기둥에 분노하는 이유는 우리 조상들이 최선의 재목을 선택하기보다는 최고의 재목을 선택했을 것이란 전통적 믿음에서 기인한 것일 수도 있다. 목조건축물에 살아본 경험을 지녔거나 목조건축물에 대한 접촉 경험을 가진 사람이 많지 않은 현대의 한국 현실에서는 소나무가 최선의 목재라기보다는 최고의 목재라고 여기는 인지부조화 현상의 발생 원인과 해결 방안에 대한 연구가 필요할 것이다.

농경사회에 뿌리내린 소나무의 물질적 유용성은 다양했다. 외국산 목재를 수

---

12 허균. 1997. 『뜻으로 풀어본 우리의 옛 그림』. 대한교과서
13 2006년 문화관광부는 우리 문화를 대표하는 100대 민족문화상징으로 '민족'(2개), '강역·자연'(19개), '역사'(17개), '사회·생활'(34개), '신앙·사고'(9개), '언어·예술'(19개)을 선정하였는데, 소나무는 이 땅에 자생하는 4,300여 종류의 식물 중에 유일하게 민족문화의 상징으로 선정되었다. 연합뉴스 2006년 7월 26일자 기사. 문화부 '100대 민족문화상징' 선정

입할 수 없었던 15세기에 소나무는 대량으로 비교적 용이하게 구할 수 있고, 손쉽게 가공할 수 있으며, 건조 과정에 변형(갈라짐이나 단면 변형)이 상대적으로 적고, 심재의 추출물로 인해 내후성이 강한 건축재였다. 소나무가 지닌 이러한 건축재적 특성은 국내에 자생하는 다른 수종에 비해 상대적으로 우수했다. 그래서 궁궐뿐만 아니라 민가도 소나무로 지었다. 또한 소나무는 건축재였을 뿐만 아니라 귀중한 조선재이기도 했다. 국토의 지리적 여건 때문에 바다와 강을 이용한 수운(水運)이 발달했고, 선박은 중요한 수송 수단이었다. 쌀이나 소금과 같은 무거운 화물 운송을 위한 조운선은 물론이고 전함이나 거북선까지도 모두 소나무로 만들었다[14].

소나무는 인간의 삶에 없어서는 안 될 소금을 생산하는 데도 귀중한 연료였다. 오늘날 우리가 먹는 소금은 천일염이 대부분인데, 천일염이 생산되기 시작한 1907년 이전에는 소나무로 바닷물을 끓여서 소금(자염)을 만들었다. 농경생활에 있어서 대체 불가능한 생활필수품인 소금 1kg을 생산하기 위해서는 2kg의 소나무 땔감이 필요했음을 태안문화원은 밝혔다[15]. 조선시대에 1천만 명의 인구와 그만한 수의 소, 말, 돼지, 염소와 같은 가축들에게 필요한 소금의 양을 상정하면, 소금을 생산하기 위해 수많은 소나무 숲이 땔감으로 사라졌음을 추정할 수 있다.

소나무의 송피는 부피 생장을 하는 세포들이 모인 형성층을 일컫는 명칭이다. 소나무의 속껍질은 탄수화물이 저장되어 있어서 달자근하며, 조금 부드럽다. 우리 조상들은 양식이 떨어지고 아직 보리가 여물기 전인 5~6월의 춘궁기에 이 송피를 벗겨서 송기떡을 만들어 주린 배를 채웠다. 이렇듯 소나무는 구황식품으로 조상들

---

14 『만기요람』 재용(財用)편의 조선재(漕船材), 조부미포(漕復米布), 퇴선조(退船條), 양호(兩湖)의 절목(節目)에는 배를 만들 때 소용되는 소나무의 크기별 양을 밝히고 있다.

15 태안문화원. 2002. 『태안지방 소금 생산의 역사』

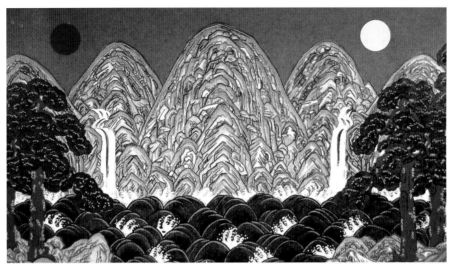
일월오악도

의 허기를 해결해 준 생명의 나무이기도 했다.

조선시대의 조상들은 다량으로 쉽게 구할 수 있는 소나무의 재질 특성을 십분 활용하여 농경사회에 필수적인 건축재, 조선재, 관곽재, 가구재, 연료재로 이용하거나 또는 구황식품으로 개발함으로써 다른 나무들보다 소나무에 더욱 의존하게 되었다. 농경사회에서 소나무의 물질적 유용성이 확대될수록 소나무에 대한 조상들의 의존성은 더욱 심화되었고, 그 결과 인가 주변의 척박한 토양에서 왕성하게 자라지 못하는 활엽수들은 점차 잡목 취급을 받았을 것이다. 오늘날은 우수한 건축재와 가구재로 그 진가를 인정받는 느티나무마저 괴잡목(槐雜木)으로 표기된 의궤의 기록[16]은 소나무와 여타 활엽수에 대한 조상들의 선호도나 인식을 추정할 수 있는 사례이다.

16 『화성성역의궤(華城城役儀軌)』 권오(卷伍) 재용상(財用上) 조비편(措備編) 목재조(木材條), 김왕직, 1999, 조선 후기 관영건축공사의 건축경제사적 연구, 명지대학교 대학원 박사학위 논문에서 재인용

절조와 기개를 상징하는 추사 김정희의 세한도

2. 소나무의 일반적 특성

오늘날 궁궐 건축재로 사용되고 있는 강송(금강송 또는 황장목)의 유래를 알아보기 위해 먼저 식물분류학적 관점에서 소나무류의 일반적 특성을 살펴볼 필요가 있다. 또한 궁궐 건축재로 사용되고 있는 소나무의 해부학적·물리적 특성도 함께 정리할 필요가 있다.

종류와 분포

지구상에는 110여 종의 소나무류들이 자라고 있다. 우리 '소나무(*Pinus densiflora* Siebold & Zucc.)'도 그 중 한 종류의 수종이다. '소나무류'는 각기 다른 종의 모든 소나무들을 함께 일컫는 명칭으로, 보다 정확하게는 소나무속(屬, *Pinus*)이라는 분류학적 용어가 더 적합한 명칭이다. 따라서 한국명 '소나무'라는 향명(鄕名, Common Name)은 '소나무류'라는 소나무 전체를 일컫는 속명(屬名, 서로 가까운 유연관계에 있는 종의 집단)과는 별개로 단일 수종으로 이해할 필요가 있다.

110여 종의 소나무류는 북미대륙에 65여 종 이상, 그리고 유라시아대륙에 40

대관령 소나무(2009. 6. 22)

태안 곰솔(2004. 1. 28)

울릉도 섬잣나무(2008. 5. 30)

금강산 잣나무(2007. 5. 25)

설악산 눈잣나무(2000. 1. 1)

여 종이 분포하고 있으며, 위도상으로는 북위 36도 부근에 가장 많은 40여 종의 소나무들이 분포하고 있다. 한편 중국과 일본에는 '소나무'를 포함하여 각각 22종과 5종의 소나무류가 자생하고 있다.

소나무는 한국과 중국 동북지방의 압록강 연안과 산뚱반도, 일본의 시코쿠(四國), 규슈(九州), 혼슈(本州)에서 자라고 있으며, 러시아 연해주의 동해안에도 자라고 있다. 우리나라에서는 제주도 한라산(북위 33°20′)에서 함북 증산(甑山)(북위 43°20′)에 이르는 온대림 지역에 주로 분포하고 있지만 해발고도가 높은 부전고원 일대에는 자라지 않는다. '소나무' 이외에 우리나라에 자생하는 소나무류는 곰솔(해송), 잣나무, 눈잣나무, 섬잣나무 등이 있고, 만주곰솔은 북한에 자생하고 있다.

생태

소나무는 다양한 환경조건에 적응하며 살아간다. 동서남북 모든 방위에서도 자라지만, 일반적으로 남향이나 서향보다는 북향이나 동향에서 더 잘 자란다. 소나무는 토양의 종류를 가리지 않고 자라지만, 특히 갈색 산림 토양군에서는 더 잘 자란다. 소나무가 자라기 좋은 토양은 모래가 많이 섞여서 물이 잘 빠지는 토양이며, 토양산도는 pH5.0~5.5 정도인 곳이 좋다고 알려져 있다.

소나무는 생육 환경조건이 좋지 않은 암석지대나 척박한 곳은 물론이고 가끔씩 범람하는 하천가에서도 자란다. 그러나 다른 활엽수와 경쟁하지 않는 조건이면 양분이나 수분 조건이 좋은 산기슭이나 계곡부근에서 훨씬 더 잘 자란다. 소나무 생장에 가장 크게 영향을 미치는 환경 인자는 햇빛이며, 그다음으로 생육 장소와 토양이다. 소나무는 건조하며, 척박한 장소(산능선 사면부, 침식지)에서도 강인한 생명력으로 잘 살아갈 수 있지만, 이러한 장소가 소나무 생육에 적합한 곳이라는 의미는 아니다.

울진 월송정 해변의 소나무(2003. 10. 5)

울진 소광리 산능선의 소나무(2007. 10. 12)

울진 불영계곡 암벽 위의 소나무(2003. 10. 4)

설악동 하천가의 소나무(2004. 4)

외형적 특징

소나무류의 잎 묶음(束)의 수는 소나무의 종류를 구별하는 좋은 표식이다. 소나무류는 한 속(束)에 잎이 하나인 미국산 단엽소나무(*Pinus monophylla* Torr. and Frem.)에서부터 둘인 소나무, 곰솔, 셋인 백송(중국), 리기다소나무, 넷인 사엽송(*Pinus quardrifolia* Parl. exSudw.), 다섯인 잣나무, 섬잣나무 등이 있다.

소나무류는 껍질도 다양한 형태를 나타내고 있어서 종을 구별하는 하나의 식별 자료로 활용되기도 한다. 그중에 가장 특징적인 요소는 수피의 색이다. 소나무처럼 붉은색을 띤 수피가 있는가 하면, 곰솔처럼 검은색을 띤 수피도 있으며, 백송처럼 흰색(또는 옅은 연두색)을 띤 수피를 가진 나무도 있다.

소나무의 형태적 특징은 나이를 먹어감에 따라 줄기를 감싸고 있는 껍질에서 보다 분명하게 나타난다. 대체로 아래쪽 줄기의 껍질은 두꺼워지고, 위쪽 껍질은 얇은 형태를 유지한다. 따라서 이름난 소나무의 껍질은 '용의 비늘 모습이나 거북 등의 모습을 간직한 줄기'로 표현되기도 한다. 껍질의 색깔은 윗부분은 적갈색을 많이 띠고 있으며, 아랫부분의 오래된 수피는 흑갈색을 띤다.

이밖에 소나무의 외형적 특징은 처진 소나무와 반송에서 찾을 수 있다. 처진 소나무는 가지가 능수버들처럼 처지는 소나무를 말한다. 처진 소나무 가지를 접목하면, 접붙인 가지가 그 특성을 그대로 나타내기 때문에 처진 형질은 유전한다고 알려져 있다.

반송은 지표 가까이에서 주된 원줄기 없이 여러 개의 줄기로 갈라져서 자라는 소나무를 말한다. 나무의 형태가 아름다워 조경용 수목으로 사찰, 묘지, 가정에서 많이 심는데 10m 높이까지 자란다. 조선다행송, 만지송, 천지송이란 이름처럼 갈라진 줄기에서 수많은 가지가 길게 자라는 특징을 가지고 있다.

생장

소나무는 다른 수목과 마찬가지로 길이(수고)생장과 비대(부피)생장을 한다. 수고 생장은 소나무의 줄기 끝에 있는 정아(頂芽)의 신장으로 이루어진다. 소나무의 정아 는 한 해에 한 마디씩 자라는 고정생장을 한다. 전년도에 미리 형성된 겨울 눈[冬芽] 이 봄 일찍 줄기로 자라서 생장을 끝마치기에 상대적으로 자라는 줄기의 길이는 길 지 않다.

한 해 자라는 소나무 정아지의 길이는 보통 30~50cm 정도이고, 환경조건이 양 호한 곳에는 60~90cm까지도 자란다. 그래서 토양이 비옥하고, 생육 환경이 적당한 곳(지위 16~18)에서는 60~70년 자라면 평균 수고 20m까지 자라며, 수령 100년 정 도이면 30m에 달하기도 한다.

소나무의 수고생장(2005. 10. 17)

소나무의 비대(부피)생장은 매년 나이테(연륜)의 폭이 축적되어서 형성된다. 빨리 자라는 소나무의 경우, 연륜 폭 하나당 5㎜ 내외로 자라 매년 1㎝ 내외의 부피생장을 하는 나무도 있다. 반면 천천히 자라는 소나무는, 연륜 폭 하나당 2㎜ 내외로 자라서 매년 줄기 두께가 0.5㎝ 정도의 부피생장만 할 뿐이다. 건축재로 사용되는 소나무는 나이테의 폭이 촘촘한 것이 좋으며, 따라서 천천히 자라는 나무가 구조재로서 더 적합하다

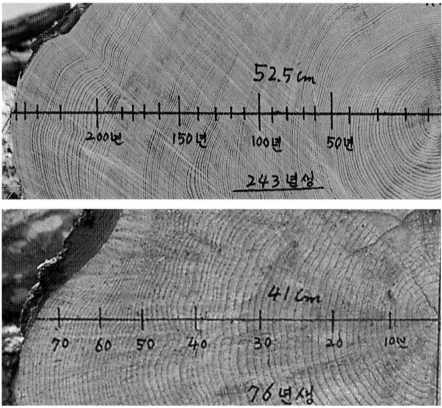

243년생 소나무와 76년생 소나무의 줄기생장 비교(한국전통문화재단)

소나무의 향명과 별칭

소나무의 학명은 'Pinus densiflora' 하나뿐이지만, 향명(鄕名)은 다양하다. 껍질이 붉고, 가지 끝에 붙은 눈의 색이 붉어서 적송(赤松), 바닷가보다는 내륙지방에 주로 자라기에 육송(陸松), 온난한 해안과 도서지방에서 자라는 곰솔의 잎보다는 부드러워서 여송(女松), 두 잎이 한 다발을 이루어서 이엽송(二葉松)으로 불리고 있으며, 제주도에서는 소낭이라고도 불리고 있다.

한국인들은 소나무를 적송, 육송이라는 향명으로 불러온 것과는 별개로 예로부터 재질(材質)이 뛰어난 소나무를 황장목(黃腸木), 강송(剛松), 금강송(金剛松), 춘양목(春陽木)이라는 별칭으로도 불렀다. 이들 별칭의 소나무 중 가장 오래된 것은 조선시대 세종실록(1420년)에 나타난 황장목이고, 6.25 전쟁 이후 지난 1960~1980년대에 주로 이름을 얻은 것은 춘양목이며, 2000년대까지도 사용되었던 별칭은 강송이다. 그리고 비교적 최근에 많이 사용되고 있는 재질이 뛰어난 소나무의 별칭은 금강송 또는 금강소나무이다. 황장목, 강송, 춘양목, 금강송은 영동지방에서 곧게 자라는 재질이 좋은 소나무를 일컫는 별칭이지만, 목상이나 대목들은 오히려 이들 별칭의 소나무들 중 특히 심재율이 높고 재질이 치밀한 소나무를 적송(赤松)이라 따로 구분하는 대신 재질이 무른 일반 소나무를 육송(陸松)이라 흔히 구분하여 부르기도 한다[17].

이들 재질이 우수한 소나무들의 유래를 살펴보는 것은 건축재로서의 소나무의 위상은 물론이고 궁궐 건축재 또는 문화재 복원용 소나무재를 옳게 이해하는 첩경이다. 또한 금강소나무(또는 강송, 춘양목)와 일반 소나무 간의 재질 특성을 국내외 용재수와 비교 분석하면 궁궐 건축재로서 소나무가 지닌 장단점도 함께 살펴볼 수 있다.

---

17 신응수. 2012. 『대목장 신응수의 목조건축 기법』. 눌와

황장목(黃腸木)

황장목은 줄기의 몸통 속 고갱(심재(心材))이 누런 소나무를 말한다. 죽은 세포로 구성된 심재는 살아 있는 세포로 구성된 흰 갓재목(변재(邊材))과 달리 건조하기 쉽고 뒤틀림이 적으며 송진이 적절히 배어 있어서 잘 썩지 않는 장점이 있다. 따라서 송진으로 천연 방부 처리된 황장은 예로부터 임금이 거주하는 궁궐 건축재나 왕족의 관곽재로 애용되었다. 세종실록(1420년)에는 '천자의 곽은 황장(黃腸)으로 속을 하고, 황장은 소나무의 속고갱이라, 흰 갓재목은 습한 것을 견디지 못하여 속히 썩기 때문'이라고 황장목의 실체를 밝히고 있다[18].

황장(黃腸)과 황장목에 대한 기사는『조선왕조실록』에 각각 140건과 77건이 나오는데, 세종 2년(1420년)의 기사가 가장 최초의 것이고, 고종 43년(1906년)의 기사가 마지막으로 나타나고 있다.『조선왕조실록』에 황장목에 대한 기사가 이처럼 빈번하게 등장하는 이유는 향탄(香炭:왕실이 지정한 산림의 목재를 이용하여 왕릉 운영 경비를 충당하고자 생산한 숯)과 율목(栗木:왕실이 지정한 산림에서 왕실과 서원과 양반에게 하사할 위폐용 밤나무)과 더불어 조선 왕실이 의례용 공물로 조달해야 할 주요 임산물이었기 때문이다[19]. 왕실의 핵심 산림정책의 일환으로 조선 전기에 황장 금산을, 조선 후기에 황장봉산을 지정, 보호한 이유도 황장목을 원활하게 조달하고자 원했기 때문이다. 황장목의 산지는 조선 초기에 연안을 중심으로 지정되었지만, 17세기 중엽의『동국여지지』에는 강원도 강릉, 삼척, 정선, 영월, 인제, 춘천 등지가 황장목 산지로 기록되어 있으며, 19세기 중엽의「팔역물산(八域物産)」에는 강원도 강릉, 삼척, 영월, 춘천, 회양과 해서, 곡

---

18 『세종실록』8권, 2년(1420년 경자 / 명 영락(永樂) 18년) 7월 24일(경인) 네 번째 기사
19 전영우. 2012. 조선 왕실의 의례용 임산물 생산을 위한 사찰의 산림 관리. 산림과학 공동학술대회 발표 논문 초록

전주 이씨 대동종약원에서 이방자 여사를 위해 준비해 둔 황장목 관곽(2005. 7. 22)

몸통 속이 누런 소나무 황장목

조선시대 황장목으로 사용된 삼척 준경묘의 소나무(2013. 10. 24)

산 등지의 주요 특산품으로 황장목이 기록되어 있다[20]. 이들 기록은 기존의 황장금산과 황장봉산으로 지정된 지역과 거의 합치되는 내용이다.

삼척지방의 황장목은 인정전 중건(1804년)과 경복궁 중건(1865년)을 위해 벌채되었음이 그 당시의 벌목과 운반에 동원된 이들의 노동요인 '도끼질소리'와 '목도꾼소리'로 확인되며, 인정전과 경복궁 중건도감의궤에 기록된 목재의 조달처와 합치된다[21].

결국 황장목은 조선시대에 왕족의 관곽재나 궁궐의 건축재로 조달된 재질이 우수한 소나무를 일컫는 별칭이라 할 수 있다. 기록으로만 존재하던 황장목은 영친왕비 이방자 여사를 위해 제작된 두 개의 황장목관 중 남아있던 나머지 관곽이 2005년 황세손 이구씨의 별세에 맞추어 전주 이씨 대동종약원에 의해 최초로 일반에 공개되었다.

---

20 『동국여지』는 1656년(효종 7년) 유형원(柳馨遠)이 편찬한 전국지리지이고, 서유구의 『임원경제지』의 말미에 각 지역의 식물을 「팔역물산」에 수록하고 있다

21 동부지방산림청. 2002. 『국유림 경영 100년사』에 수록된 도끼질소리와 목도꾼소리는 다음과 같다.〈도끼질소리〉 땡땡 소리가 웬소리/경복궁 짓느라고 땡땡 소리가 나온다/아 흥흥 어기야/척늘어졌다 떡갈잎 척늘어졌다 떡갈잎/제가 뭘 멋이 든 것처럼 우들우들 춤을춰/아 흥흥 어기요 아 흥흥 어기야/외호리적 떡장사 외호리적 떡장사/경복궁 새대궐 안에 인절미장사 왜왔소/아 흥흥 어기요 아 흥흥 어기야/개구리 청개구리 두눈이 붉어지고/내발가진 개구리 수통처자를 보아도/개구리만 보인다 청개구리만 보인다.〈목도꾼소리〉 여러분네 일심 동력(후렴:웃야호호)/앉았다가 일어서며/고부랑곱신 당겨 주오/낭그는크고 사람은 적다/옛차소리 낭기간다/마읍골에 낭기간다/한치두치 지나가도/태산 준령 넘어간다/앞줄에는 김장군이/뒷줄에는 이장군이/여기 모인 두메 장사/심을네어 당겨 주오/왈칵 덜컥 돌고개냐/타박타박 재고개냐/굼실굼실 잘도 간다/마읍골의 사금산에/불갱골에 오백여 년/한두해 자란 솔이/황장목이 되었구나/아방궁의 상량목이/이낭기가 될라는가/백양대의 도리 기둥이/이낭기가 될라는가/이낭기가 경복궁의/상량목이 되었구나/한양 천 리 먼먼길에/태산 준령 고개마다/녹수청강 구비마다/덩실덩실 잘도 간다/태고적 시절인가/청탁을 가리던가/요순적 시절인가/인심도 인후하고/초한적 시절인가/인심도 야박하고/전국적 시절인가/살기도 등등하네/만고영웅 진시황이/천하장사 힘을 빌어/돌도 지고 흙도 져서/만리장성 쌓았구나/황화수는 메웠어도/봉래바다 못 메웠네/동남 동녀 싣고 간 배/하루 이틀 아니오네/삼각산에 내린 용설/한양 도읍 학의 형국/무학이 잡은 터에/정도전이 재혈하야/오백년 도읍할제/금수강산 삼천리에/방방곡곡 백성들아/임임 총총 효자 충신/집집마다 효부 열녀/국태민안 시화연풍/국가부영 금자탑을/어서어서 쌓아보세/만고불멸 은자성을/이낭그로 쌓아주세.

춘양목(春陽木)과 강송(剛松)

춘양목이란 명칭은 봉화, 울진, 삼척 등지에서 벌채한 질 좋은 소나무를 1955년 7월에 개통된 영암선(영주~철암)의 춘양역을 이용해 열차편으로 1975년까지 20여 년 동안 서울 등지로 실어내었던 것에서 유래됐다[22]. 춘양목이란 소나무의 별칭이 우리 사회에 널리 통용되었던 사례는 '시중에 춘양목이 벌목 허가가 나지 않아 절품되었다'는 1968년의 신문기사[23]로 확인할 수 있다.

황재우 교수는 춘양역의 화물 발송량을 조사하여 춘양목의 반출량을 집계하였는데,

매일경제 1968년 2월 10일자 '춘양목 품절' 기사

춘양목은 춘양역에서 1975년까지만 반출되었고, 1976년 이후에는 더 이상 반출이 없었다고 보고했다. 비록 철도를 이용한 춘양목의 반출은 더 이상 없었지만, 그 명성은 상당 기간 지속되었음은 1970년대와 1980대의 대통령 기록물을 통해서도 확인된다.

박정희 대통령은 1972년 4월 5일 식목일 기념사에서 "소나무를 심으려면 아주

---

22 황장목에 대한 학문적인 접근은 숲과 문화총서 1.『소나무와 우리 문화』. 전영우편. 숲과 문화연구회에 수록된 황재우. 1993. '황장목'이 최초의 논설이다.

23 매일경제 1968년 2월 10일자 기사 '청량리 원목상에서 사이(才)당 45원씩 받아오던 춘양목이 품절되었다. 앞으로 성수기를 맞아 건축용으로 많이 쓰이는 춘양목이 최근 품절되고 있는 것은 지난 해 겨울철 비수기로 인해 산지로부터 시중출회가 극히 제한되었고, 신년 들어서부터 벌채 허가가 나지 않고 있기 때문이다

좋은 것, 가령 잣나무라든지 또 외국에서 가져온 소나무 종류 중에도 좋은 나무들이 있습니다. 잣나무 또는 강송, 춘양목이라고 하는데, 쪽 곧아 올라가는 아주 좋은 나무들이 있는데 그러한 수종을 골라서 적지에다가 계획적으로 조림을 해야 할 것입니다"라고 언급하고 있다[24].

이 기념사에서 언급된, "강송, 춘양목이라고 하는데"라는 대목은 대통령을 비롯한 그 당시 사람들의 춘양목에 대한 인식을 엿볼 수 있는 단서를 제공한다. 바로 춘양목은 아주 좋은 소나무를 뜻하고, 또 강송을 일컫는 별칭이었던 셈이다. 태백산맥 주변의 여러 지역에서 벌채하여 춘양역에서 하적되어 열차편으로 전국으로 실려간 질 좋은 소나무라는 의미를 간직한 춘양목과 강원도 지역의 질 좋은 소나무라는 의미의 강송은 실질적으로 동일한 종류의 소나무를 상이한 별칭으로 불렀음을 확인할 수 있는 대목이다.

춘양역

춘양목의 유래를 밝히는 표석

24 국가기록원 대통령 기록관 홈페이지 http://www.pa.go.kr/ 박정희 대통령 식목일 기념사

춘양역 앞의 춘양목(2009. 11.)

'춘양목에 대한 보고' 1984년 자료
(대통령기록관 소장)

'춘양목에 대한 보고자료'에 수록된 춘양목 분포지

산림청이 1984년 6월 17일 전두환 대통령에게 보고한 '춘양목(春陽木)에 대(對)한 보고(報告)' 문서에는 춘양목의 유래, 분포, 현존임상, 특성, 천연보호림 지정과 조림 실적, 대책 등이 수록되어 있다[25]. 국가기록원 대통령 기록관에 수장된 이 보고 문서의 내용 중 특기할 사항은 춘양목을 '강원도 지방에서는 강송이라고 부르고 있다'는 내용과 춘양목의 분포지를 강원도전역과 경북 북부지방으로 표기하고 있는 점이다. 이 문서는 그 당시 산림 공직자들이 춘양목과 강송을 동일한 지역 소나무로 인식했던 방증이라고 할 수 있다.

울진 소광리 국유림 전시관에 전시된 일반 소나무와 금강소나무(2008. 4. 22) 금강소나무의 심재 비율이 일반 소나무에 비해 훨씬 더 큰 특징을 확인할 수 있다.

25 국가기록원 대통령 기록관 홈페이지. http://www.pa.go.kr/ '춘양목에 대한 보고'

그렇다면 강송이란 별칭은 언제부터 불렸을까? 조선왕조실록이나 승정원일기에서 보면 소나무를 나타내는 '황장목'이나 '송(松)'을 쉽게 찾을 수 있지만 강송(剛松)이란 단어는 찾을 수 없다. 아마도 일제시대부터 사용되었을 것이라고 추정할 뿐이다. 그러한 추정은 우에기 호미키 교수가 1928년 '조선산(朝鮮産) 적송(赤松)'의 수형에 대한 논문[26]을 발표하였고, 영동지방의 소나무를 '금강형 소나무'라고 분류하였기 때문이다. 재질이 양호한 소나무를 뜻하는 강송이란 용어가 일제 강점기에 학술적 기술적 용어로 사용된 시점이나 빈도를 확인해 보면 보다 정확하게 강송의 유래를 파악할 수 있을 터인데, 아쉽게도 적당한 문헌을 찾을 수 없다. 대신 지난 50여 년 사이에 강송이란 용어가 사용된 사례는 다양한 자료[27]에 나타나고 있다.

하나 흥미로운 사실은 춘양목이 질 좋은 소나무의 별칭으로 그 당시 사회에 통용되고 있었을지라도, 춘양 지역의 주민들은 오히려 춘양목이란 별칭 대신에 적송(赤松:심재가 대부분을 차지하는 나무), **백송**(白松:심재가 적은 나무), **반백**(半白:심재와 변재가 반반 정도인 나무)으로 나누어 불렀다[28]는 점이다. 이와 유사한 사례는 40년 이상 문화재 복원용 소나무를 다루어온 대목장의 기록에서도 찾을 수 있다[29]. 신문기사나 대통령 기록물을 통해서 1980년대 중반까지도 질 좋은 소나무의 대명사로 춘양목의 명성이 유지되고 있었던 이유는 일반 소나무와 달리 곧은 수간 형태와 우량한 재질 덕분이었다.

26 植木秀幹. 1928. 朝鮮産 赤松ノ樹相及ヒ是カ改良ニ關スル造林上ノ處理ニ就イテ. 水原高等農林學校學術報告 第3號

27 우량한 재질의 소나무를 의미하는 강송은 산림청의 『치산녹화 30년사』(1974년), 임업연구원의 『임업시험장 60년사』(1982년), 숲과 문화연구회의 '소나무 학술토론회'의 논문집, 『소나무와 우리 문화』(1993년), 산림청의 『한국임정 50년사』(1997년)에서 쉽게 찾을 수 있다.

28 황재우. 1993의 앞의 논문

29 신응수. 2012. 앞의 책

금강소나무

금강소나무라는 별칭은 앞서 살펴보았듯이 우에기 호미키(植木秀幹) 교수가 1928년에 발표한 논문에서 유래되었다. 이 논문에서 우에기 교수는 개마고원을 제외한 우리나라 전역을 여섯 지역으로 나눠 그곳에 분포하고 있는 소나무를 '동북형(東北型)', '중남부 고지형', '중남부 평지형', '위봉형(威鳳型)', '안강형(安康型)', '금강형(金剛型)'으로 분류하였다. 금강형 소나무가 학계에 널리 알려지게 된 계기는 임경빈 교수가 우에기 호미키 교수의 소나무 지역형 분류 내용을 그림으로 형상화하여 지역별 분포도와 수형도(樹型圖)로 조림학 교과서[30]에 소개하면서 부터이다.

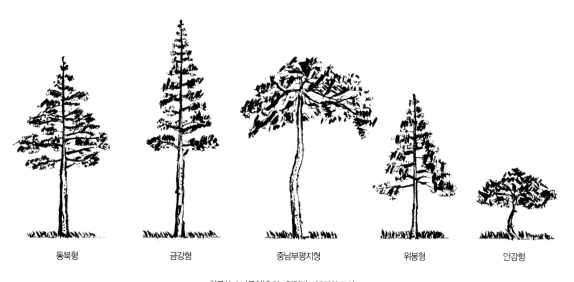

| 동북형 | 금강형 | 중남부평지형 | 위봉형 | 안강형 |

한국산 소나무형(출처 : 임경빈, 1985)의 모사

30 임경빈. 1985.『조림학원론』. 향문사

곧은 줄기와 좁은 수관형을 나타내는 금강송

금강산 소나무(2006. 8. 15)

미시령 소나무(2004. 4. 12)

강릉 소나무(2004. 4. 12)

봉화 소나무(2003. 10. 3)

영양 소나무(2003. 10. 5)

대관령 소나무(2009. 6. 22)

우에기 호미키 교수는 동북형은 함경도 일대의 소나무, 중남부 평지형은 인구 밀집 지역에서 굽었지만 가지들이 넓게 퍼져서 자라는 소나무, 중남부 고지형은 중남부 고지대에서 자라는 소나무, 위봉형은 전북 일부 지역에 자라는 소나무, 안강형은 경주와 안강 주변에서 가장 많이 굽은 형태로 자라는 소나무, 그리고 금강형은 강원도와 경북 북부 지역의 줄기가 곧고, 가지가 상부에만 좁은 폭으로 자라는 소나무로 분류했다. 따라서 금강소나무 또는 금강송은 우에기 호미키 교수의 '금강형'에서 유래하며, 강원도 금강군에서 경북 울진, 봉화, 청송에 이르는 강원도 산악 지역과 동해안에서 자라는 소나무들을 일컬음을 알 수 있다. 임경빈 교수는 우에기 호미키 교수가 분류한 금강송을 강송이라고 부르며, 과거에 춘양목이라 한 것은 강송에 해당하는 것이라고 조림학 교과서[31]에서 밝히고 있다. 결론적으로 강송, 춘양목, 금강송은 높은 수고, 곧은 수간과 좁은 수관을 가진 영동지방의 소나무를 일컫는 별칭인 셈이다. 학술적 용어로 조심스럽게 언급되던 금강소나무 또는 금강송이란 용어는 1990년대 후반부터 신문과 잡지와 방송에 울진 소광리와 대관령의 소나무 숲이 대대적으로 소개되면서 우리 사회에 질 좋은 소나무의 별칭으로 널리 통용되었다[32]. 언론에 의해 확산된 금강소나무에 대한 사회적 관심은 산림정책에 적극반영되었고, 그 결과로 나온 것이 2004년부터 시행된 산림청의 '금강송 육성 및 보전 전략'이다[33]. 산림청의 금강소나무 육성정책은 지방산림청에까지 확산되어 북부지방산림청은 2006년 '금강소나무 육성 매뉴얼'까지 배포하기에 이르렀고, 오늘날도 지속되고 있다.

31 임경빈. 1991. 『조림학본론』. 향문사

32 전영우의 잡지 기고 글 및 방송. 1996. 소광리 소나무 숲. 〈환경운동〉 31호. 1997. 우리 소나무의 원형이 보존된 소광리 소나무 숲. 〈국토〉(1997년 1월호), 금강소나무와 일본 국보 1호. 〈산림〉 373호. 1998. 농경문화가 변모시킨 국토의 얼굴, 소나무 숲. 〈과학동아〉 146호. KBS 1TV. 2000년 4월 5일 식목일 특집, 소나무에 대한 오해.

33 윤영균. 2004. 금강송 육성 및 보전 전략. 소나무 학술토론회 『우리 겨레의 삶과 소나무』. 숲과 문화연구회

산림청 남부지방산림청 울진 국유림 관리소는 소광리 국유림을 찾는 사람들을 위해 안내판을 설치하여 '금강소나무'와 '생태경영림'에 대한 이해를 돕고 있다.(2007. 10. 12)

3. 궁궐 건축재 소나무의 특성

궁궐이나 한옥 또는 사찰의 구조를 보면 대부분 수직 부재인 기둥과 수평 부재인 보와 도리 등으로 이루어져 있다. 전통 목조건물을 짓는 기본 형식은 먼저 굵은 기둥을 세우고, 도리와 보를 걸어서 칸을 늘려가는 방식이라고 할 수 있다.

건물의 각 모서리에 수직으로 설치되는 기둥과 기둥 사이를 이어주는 보와 도리로 사용되는 목재는 지붕을 비롯한 건축물의 하중을 충분히 이겨낼 만큼 강해야 함은 필수적인 조건이다. 따라서 목재의 압축강도(위에서 누르는 힘을 견뎌내는 강도)는 지붕을 떠받치는 기둥감의 크기와 강도를 결정하는 데 중요한 기준이 되며, 휨강도는 도리와 보의 강도를 측정하는 기준이 된다.

소나무는 이런 조건을 충족시킬 수 있는 건축재로써 적합한 나무이다. 특히 소나무는 쉽게 대량으로 구할 수 있고, 톱이나 대패를 이용하여 쉽게 가공할 수 있으며, 건조 과정에 변형도 상대적으로 적고, 심재의 추출물로 인해 내후성도 비교적

'기둥과 보와 도리용 목재로 사용된 소나무' 제시

(숭례문 모형, 한국전통문화재단 제작)

(수덕사 대웅전 모형, 한국전통문화재단 제작)

강하며[34] 줄기가 곧게 자라 기둥이나 보로 사용하기에 적합하고, 구조적으로도 안전한 건축재이다.

평생을 소나무를 궁궐 건축재로 애용한 대목장의 다음과 같은 이야기[35]는 구조재로서의 소나무의 특성을 잘 설명하고 있다. "구조재로 사용하는 나무가 너무 강하거나 너무 무르면 제 역할을 할 수 없다. 너무 강하면 갈라짐이 심하고 깨지며 가공이 어렵다. 또 너무 무르면 가공하기는 쉬우나 찌그러지기 쉽고, 하중을 이기지 못해 구조재의 역할을 옳게 못하게 된다."

강송의 외형적 특성

영동지방산(産) 모든 소나무는 재질이 우량한 소나무라는 등식이 성립하는 것은 아님은 춘양지방 사람들이 적송, 백송, 반백이라는 고장 특유의 기준으로 소나무의 재질을 구분하거나 대목이나 목상이 재질에 따라 영동지방의 소나무도 적송과 육송으로 구분한 사례를 통해서 이미 살펴보았다.

소나무의 외형 또는 소나무의 지역형에 따라 재질을 구분할 수 있는지의 여부는 지난 몇십 년 동안 임업계가 풀어야 할 화두였다. 강송(또는 적송)이라는 말을 믿고 벌채 작업을 진행했어도 벌채목의 일부만이 강송의 재질 특징을 나타낸 사례가 많았기 때문이다. 그래서 수간형, 수관형, 수피의 외적 특성으로 강송(춘양목)과 육송을 구분하려는 시도도 있었다[36].

---

34 국립산림과학원. 2012. 경제수종 1. 소나무

35 신응수. 2012. 앞의 책

36 손용택. 2005. '삼림자원의 시장화 성쇠, 그 대안 : 봉화군 춘양목을 사례로'. 대한지리학회 2005년 춘계 학술발표회 발표 초록

표 2. 강송(춘양목)과 육송(소나무)의 외형적 비교

구분	춘양목	육송(소나무)
수간	수간이 규칙적 대체로 높은 수고 벌구와 말구의 격차 적음	수간이 다양 수고 다양 벌구와 말구 격차 많음
수관	수관 초두부 모양 불투명(타원형) 수관폭 좁음 잎의 길이 짧음	수관 초두부 뚜렷함(원뿔형) 수관폭 상대적으로 넓음 잎의 길이 김
수피	거북등 모양 시계 반대의 나선 방향 지표면에서 2~3m는 흑갈색	수직 방향의 골 무늬 뚜렷한 방향성 없이 수직 상태 입지에 따라 다양
생장과 입지	생장 느린 편 균질한 나이테 능선부에서 잘 자람 대체로 사질토에서 자람	임지 조건에 따라 다양 북동향의 임적 생장이 빠른 편 입지 여건과 관계없이 넓게 분포 사질토 관계없이 넓게 분포
목재	심재의 색은 적색 재질은 강하고 가벼움(함수 적음) 뒤틀림 적고, 나이테 좁고 일정함 건조 시 뒤틀림 없음 부패 속도가 더딤	심재의 색은 회백색 재질은 연하고 무거운 편(함수 많음) 뒤틀림 많고, 나이테 불규칙 건조 시 뒤틀림 심함 부패 속도가 빠름

(출처 : 손용택. 2005)

외형에 의해 벌채목의 재질 특성(적송 대 육송)을 구분하는 것은 산판 현장의 경험
치에 바탕을 둔 것일 뿐 과학적 근거는 없다. 대체로 초살도(벌구와 말구의 격차)가 적고,
원추형이라기보다는 타원형 수관을 가지고, 거북 등 모양의 수피를 가진 나무들이
강송일 확률이 높다는 이야기들이 벌채 현장이나 임업인들에게 구전되고 있지만,
과학적 근거를 제시하지 못하고 있다. 특정 산지에서 벌목한 소나무가 심재율이 높
은 강송의 특징을 가진 재목일지라도 벌채목 바로 옆에서 자란 소나무는 유사한 특
성을 나타내지 않는 사례가 드물지 않기 때문이다. 따라서 이러한 외형적 특성은 강

금강송의 대표적 거북등 수피(봉화)와 일반 수직 방향의 골무늬 수피(울진 소광리)

송과 육송을 구분하기 위한 벌채 작업 현장의 참고 사항은 될지언정 학문적 근거를 갖고 있지 못한 기준이라 할 수 있다.

결국 강송의 외형적 특징은, 소나무 수형에 따른 우에기 호미키 교수의 분류 방법처럼 높은 수고, 곧은 수간, 좁은 수간폭이라 할 수 있는데, 모든 강송들이 유전적으로 특정한 형질(재질 등)이 우수함을 의미하는 것은 아니다.

강송의 유전적 특성

강송에 대한 유전적 연구는 강송(금강송, 춘양목)이 일반 소나무에 비해 생장과 재질이 우수한 것에 착안하여 1960년대에 시작되었다. 강송에 대한 다양한 연구 중 학계에서 관심을 끌었던 것은 1967년 서울대 현신규 교수와 안건용 선생 등이 '강원도 지방 강송의 우수성은 소나무와 곰솔의 잡종 강세 때문'이라는 연구 결과[37]였다. 이 연구는 소나무의 잎에 분포된 수 지구의 위치를 분석하여 얻은 결과였지만, 추후 연구 방법상 문제가 제기되어 학계의 인정을 받지 못했다[38].

추후 2개의 종 사이에서 생긴 잡종이 한쪽의 어버이와 교배를 되풀이함으로써 한 종의 고유한 유전자가 다른 종으로 옮겨지는 이입교잡현상을 밝히고자 곰솔×소나무, 소나무×곰솔의 인공교잡종에 대한 모노테르펜(Monoterpene)을 분석하였지만 곰솔×소나무, 소나무×곰솔 교잡종 형태를 나타내는 개체를 발견할 수 없었다. 또한 강원·경북 지역 강송 8개 집단과 소나무 17개 집단 및 곰솔 13개 집단을 대상

---

37 현신규, 구군회, 안건용. 1967. 동부산 적송림에 있어서의 이입교잡현상. I. 임목육종연구소 연구보고 5 : 43-52

38 류장발. 1993. 강원도와 경상북도 북부 지역 소나무의 우수성은 이입교잡 때문인가?『소나무와 우리문화』.전영우 편. 숲과 문화연구회

으로 16개 동위효소, 23개의 유전자좌에 대한 분석으로 소나무와 강송 집단을 비교한 결과 대립유전자 종류와 빈도가 매우 유사하였으며, 곰솔에만 출현하는 표식인자가 강송 집단에서 발견되지 않았다. 소나무와 해송의 인공교잡 가계로부터 엽록체 DNA의 부계유전양식을 곰솔 특이엽록체 DNA의 존재 여부로 검색한 결과, 소나무(♀)와 곰솔(♂)의 이입교잡종이라고 간주할 만한 증거도 제시할 수 없었다[39].

강송은 고유한 특성(곧은 수간, 좁은 수간폭, 우량한 재질)이 유전적으로 고정된 품종일까? 1990년대 김진수 교수 등의 연구[40]는 금강소나무가 다른 소나무와 비교했을 때 '품종'으로 인정할 만한 유전적인 차이가 없음을 밝히고 있다. 품종이란 바로 '우수성, 균일성, 영속성이 유전적으로 보존되어 고유의 특성이 다른 종들과 구별되는 단위'를 의미한다. 따라서 우에기 호미키 교수가 금강송을 독립된 품종이라며 별도의 학명(Pinus densiflora Sieb. & Zucc. form. erecta Uyeki)을 부여한 것이나 이입교잡에 의한 잡종 강세라는 주장은 논리적 근거가 없는 셈이다. 이러한 금강소나무(강송)를 품종이라고 볼 수 없다는 학계의 연구 결과에도 일각[41]에서는 강송(금강소나무)을 여전히 하나의 품종으로 인정하고 있다.

강송이 소나무와 달리 하나의 품종으로 인정될 만한 유전적 차이를 갖고 있지 않다는 연구 결과는 소나무의 외형[樹相]만으로 지역형으로 구분한 우에기 호미키 교수의 연구 내용을 감안하면 지극히 타당한 결과라 할 수 있다. 우에기 호미키 교수가 연구를 실시했던 1920년대는 유전변이의 차이나 크기를 측정하거나 분석할 수 있는 방법이 없었던 시기이기 때문이다. 동위효소나 DNA 분석을 통해 소나무의

39 김규식. 2001. 〈산림〉 426호. 강송의 특성과 생장. 산림조합중앙회

40 김진수, 황재우, 권기운. 1993. 금강소나무-유전적으로 별개의 품종으로 인정할 수 있는가? -동위효소분석 결과에 의한 고찰- 한국임학회지 82(2) : 166-175

41 임경빈 등. 1991. 앞의 책, 국립산림과학원. 2012. 앞의 책

유전변이를 분석할 수 있는 방법은 1970년대 이후에 개발되었다.

금강소나무가 다른 지역의 소나무와 비교해서 더 잘 자라는지는 산지시험을 통해서 확인할 수 있다. 산지시험(産地試驗)이란 전국 각 지역에서 소나무 종자를 채취하여 묘목을 양성하고, 그 묘목을 한 장소에서 키워서 성장을 비교하는 시험을 말한다. 국립산림과학원에서 소나무 산지시험을 한 결과 다른 지역 나무들은 비교적 곧은 형태로 자랐는데 유독 안강형 나무들만 굽은 형태를 보였다. 이는 형질이 나쁜 소나무는 유전적으로 그 나쁜 형질이 일정량 고정되는 반면에, 금강소나무처럼 형질이 좋은 소나무는 일반 소나무와 비교해서 그 우량 형질이 하나의 품종으로 뚜렷하게 구분될 수 있을 만큼 유전적으로 고정되지 않았음을 뜻하는 것이다. 이와 유사한 결과는 금강형 소나무의 종자로 양성된 묘목을 각 지역에 심어도 어미나무처럼 우량한 형질을 가진 나무로 자라지 않는다는 사실에서 찾을 수 있다.

한편 우량 형질이 유전적으로 고정되지 않았다는 의미는 여타 지역 소나무들도 생육 환경이 비슷하면 금강소나무처럼 곧은 형태로 자랄 수 있다는 의미라고 주장하는 학자도 있다. 다시 말하면, 금강소나무의 재질이 치밀하고 연륜폭이 좁은 것은 천천히 자란다는 것을 의미하고, 모든 나무는 생육밀도가 높은 곳에서는 천천히 자란다는 것을 알 수 있다. 따라서 나무를 촘촘히 심어서 나무들이 높이 생장을 경쟁하도록 유도하면, 금강송처럼 통직하고 지하고가 높은 소나무를 유도할 수 있다는 주장도 설득력이 있는 것이다.

강송의 재질적 특성

1) 조직구조-가도관의 길이

소나무의 조직은 가도관, 수직수지구, 수평수지구, 수지구를 둘러싼 에피데리움, 방사유세포, 방사가도관 세포로 구성되어 있다. 이들 조직세포 중 재질 특성에 가장 큰 영향을 끼치는 세포는 가도관이다[42].

일반적으로 침엽수의 가도관은 길이(약 2.6mm)가 직경보다 100배 이상의 긴 형태의 구성세포로 침엽수 체적의 90~94%를 차지한다. 가도관은 목재의 강도와 수축률에 영향을 끼치는 가장 중요한 인자로, 그 길이는 수령에 따라 다르고, 같은 연륜일지라도 춘재와 추재 부위에 따라 다르다[43].

국립산림과학원의 연구보고에 의하면 소나무 가도관의 길이는 나무가 자랄수록 증가하는 경향이 있는데, 수령 15~20년 전후에는 안정화되는 경향을 보인다[44].

소나무 역시 가도관 길이의 안정화 특성을 분석하여 미성숙재와 성숙재로 구분하는 지표로 사용하기도 한다. 또한 가도관의 길이는 수고 2~4m 부위에서 최댓값을 나타내고, 수고 2m 이하나 18m 이상에서는 최소값을 나타내는 것으로 보고되었다.

가도관의 길이가 수목의 생육 시기, 수고에 따라 변이가 큼을 상정하면, 수종별 가도관의 길이를 단순 비교하는 데는 과학적 위험이 따른다. 그러나 소나무와 다른 수종 간의 재질적 특성을 비교하기 위해서는 그런 위험을 감수하면서도 단순하게

42 차재경. 소나무의 재질 특성. 소나무 학술토론회 총서 1. 전영우편. 『소나무와 우리 문화』. 숲과 문화연구회. 193

43 Leonardo da Vinci Pilot Projects Handbook 1 - Timber Strucutre. 2008

44 국립산림과학원. 2012. 앞의 책

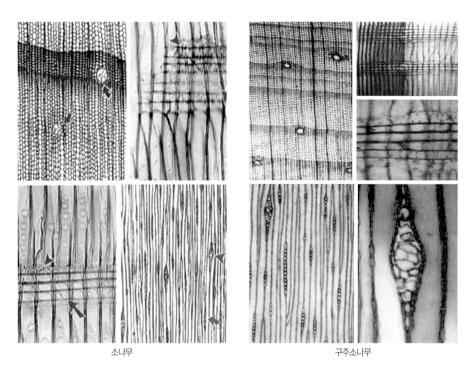

소나무　　　　　　　　　　　　　　　구주소나무

소나무(좌)와 구주소나무(우)의 해부학적 구조(사진출처 : 엄영근 교수) 상(좌):횡단면의 가도관과 수지구 세포, 상(우)와 하(좌) 방사단면의
방사가도관과 유세포, 하(우) : 접선단면의 가도관세포. 소나무류의 해부학적 판별법은 방사유조직의 벽공(Ray parenchymapits)의
형태가 '창상교분야'(Windowlike)형과 '소나무형교분야'(Pinoid)형으로 분류하여 구분하는데, 소나무와 구주소나무(Pinus sylvestris)의
해부학적 방사유조직의 벽공 구조는 창상교분야형으로 현미경상으로 두 수종 간의 차이점을 구별할 수 없다는 것이 전문가의 일관된
견해이다.

비교해 볼 필요성은 있다.

　　국내산 소나무류의 가도관의 평균 길이는 소나무 2.7㎜, 잣나무 2.8㎜, 곰솔 2.9

㎜이며, 외국산 소나무류의 가도관 평균 길이는 미국 남부산 소나무 3.0~3.6㎜이

고, 그 밖에 더글러스 퍼 3.5㎜, 낙엽송 3.4㎜ 등으로 나타났다. 이들 내용을 참고하

면, 국내산 소나무류는 대체로 외국산 소나무류나 용재수(더글러스 퍼, 낙엽송)에 비해

가도관의 길이가 짧은 것을 확인할 수 있다.

표 3. 소나무류의 해부학적, 물리적 재질 특성

수종	소나무	잣나무	곰솔	테다 소나무	폰데로자 소나무	더글러스 퍼	낙엽송
가도관 길이 mm	2.7	2.8	2.9	3.0~3.6	3.6	3.5	3.4
건전 비중	0.44	0.43	0.54	0.51	0.45	0.53	0.56
기건수축률% (방사방향)	2.9 2.6(강송)	1.8	2.4	4.8	3.8	5.0	3.3
(접선방향)	5.4 5.1(강송)	5.4	4.9	7.4	6.3	7.8	6.4

(출처 : 국립산림과학원. 2012. 차재경. 1993. USDA FS[45])

2) 물리 기계적 특징

* 비중

비중은 목재의 생장과 관련된 물리적 특성으로 재목의 강도를 간접적으로 확인할 수 있는 지표로 활용된다[46]. 소나무의 비중은 국내의 소나무과에 속하는 10개 수종의 평균값인 0.46보다는 약간 작은 값이지만, 일반적인 목재비중의 범위로 평가할 때 중간 정도의 비중재에 해당된다. 소나무는 잣나무나 미국 남부산 소나무인 폰데로자 소나무와 유사한 건전 비중값을 지니고 있으며, 곰솔이나 테다 소나무, 더글러스 퍼보다는 낮은 비중값을 가지고 있다.

45 USDA FS 2010. Wood Handbook, Wood as an Engineering Material. Centennial Edition. Forest Products Laboratory General Technical Report FP:-GTR-190. 508pp

46 차재경. 2000. 『목재역학』. 선진문화사

* 수축률

수축과 팽창은 목재 내의 결합수의 이동으로 생기는 현상이다. 광화문 현판이 갈라진 현상이나 숭례문의 2층 문루 기둥이 갈라진 원인의 하나는 사용한 목재의 부위별 수축과 팽창률의 차이에서 찾을 수 있다. 소나무는 외국의 수종에 비해 경단 방향이나 촉단 방향에 있어 수축률이 작은 것으로 나타나 치수 안정면에서 우수한 것으로 나타났다.

3) 강송의 재질

소나무의 재질 특성은 여러 갈래로 나누어 고찰할 필요가 있다. 조상들이 최고로 여긴 황장목의 경우, 심재부의 크기와 색깔에 비중을 두었다. 반면 오늘날 재질까지도 좋다고 알려진 금강소나무는 높은 수고, 곧은 줄기와 가늘고 좁은 수관 등 외형을 기준으로 구분한 지역형(地域形)일 뿐 재질에 대한 구체적인 정보는 없다.

강송에 대한 재질적 특성은 벌채 및 건축 종사자들이 적송과 육송으로 나누어 구분하듯이, 붉은 수피의 통직한 영동지방산(産) 금강소나무도 모두 강송으로 취급할 것이 아니라 심재율이 높고 누런색을 띤 적송(赤松)과 심재율이 낮고 흰빛을 띤 육송(陸松, 반백과 백송)으로 나누어 접근해야 한다. 목상이나 목수들이 재질 특성에 따라 소나무를 적송과 육송으로 구분하는 것과 달리, 산림청을 비롯한 임업 연구자들은 강송(금강송 또는 춘양목)이 모두 재질이 좋은 나무가 아니라는 사실(강송≠적송)을 효과적으로 제시하지 못하고 있다. 숭례문과 광화문 복원(복구)에 사용된 목재의 진위 여부를 비롯한 여러 가지 문제들이 노정되고 있는 이유도 '강송(금강소나무)=적송=재질이 우량한 소나무'라는 등식의 맹목적 믿음이 여전히 우리 사회에 통용되고 있기 때문이다.

목상이나 대목들이 적송으로 구분하는 강송은 일반 소나무에 비해 심재율이 더 높고 연륜폭이 더 치밀하며 압축 강도도 더 크기 때문에 우수한 재질을 나타내는 것

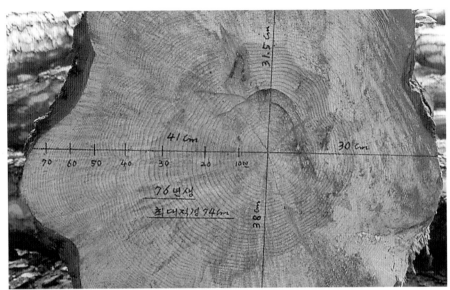

원구직경 74㎝의 76년생 소나무 벌채목(출처 : 한국전통문화재단)

원구직경 71㎝의 243년생 소나무 벌채목(출처 : 한국전통문화재단)

이라 정리할 수 있다[47]. 이와 유사한 결과는 육송(陸松)이라고 부르던 일반 소나무의 심재율은 52%인 데 비해 춘양목(강송)의 심재율은 87%로 보고된 사례에서도 찾을 수 있다[48]. 강송에 대한 재질적 특성을 논함에 있어 조심스러운 부분은 어떤 지방의 몇 년생 소나무의 어떤 부위(수고)를 대상으로 재질의 역학성능을 조사했는가에 따라서 특성을 나타내는 그 수치가 달리 측정될 수 있다는 점이다. 그 단적인 사례는 국립산림과학원[49]에서 발표한 다음의 표4로 확인할 수 있다.

표 4. 소나무류의 해부학적, 물리적 재질 특성

지역	수령	평균연륜폭 (mm)	전건비중	휨강도 (MPa)	압축강도 (MPa)	전단강도 (MPa)	인장강도 (MPa)
광릉(경기)	40	–	0.44	74.7	43.0	9.7	88.5
삼척(강원)	53	2.92	0.50	79.8	42.0	10.9	86.4
울진(경북)	76	3.12	0.43	67.1	42.9	7.7	–
봉화(경북)	79	3.17	0.43	62.3	33.9	9.5	–
무주(전북)	34	5.83	–	65.2	41.6	11.5	–
안면(충남)	92	1.69	–	83.9	53.3	15.4	–

광릉(임업시험장 연구 자료 제95호, 1994), 삼척(목재공학 2005. 33(6) 8–16), 울진 및 봉화(2006년 임업연구원 연구사업보고서), 무주, 안면(국립산림과학원 연구 보고 10–29(2010))

47 김정환, 이원희, 홍성천. 1999. 강송의 기초적 재질에 관한 연구(제1보). 〈한국가구학회지〉 제10권 2호

48 황재우. 1993. 앞의 논문

49 국립산림과학원. 2012. 앞의 책

표4에서 확인할 수 있는 내용처럼, 소나무의 건전비중은 대체로 0.4~0.5 사이이며, 휨강도와 압축강도와 전단강도는 수령에 따라서 지역에 따라서 변이가 확연하게 나타남을 확인할 수 있다. 특이 사항은 나무의 강한 정도를 나타내는 압축강도는 황재우 교수의 초기 연구 결과[50]와 달리 강송과 일반 소나무 간에 큰 차이가 없거나 오히려 강원지방의 강송이 다른 지역의 소나무에 못 미치는 것으로 나타나고 있는 사실이다. 황재우 교수는 춘양목(강송)의 압축강도가 64MPa인 반면에 일반 소나무는 43MPa, 휨 강도는 춘양목이 97.5MPa인 반면에 일반 소나무는 74.1MPa으로 춘양목(강송)이 더 우수한 것으로 보고한 바 있다. 이와 같은 결과는 소나무의 생육 장소 간의 차이보다는 오히려 수령과 생장 속도 등이 재질에 더 영향을 끼친다는 것을 시사한다. 즉, 영동지방의 소나무가 아닐지라도 수령이 92년생인 안면도의 소나무는 휨강도나 압축 강도가 삼척이나 울진 봉화 지역의 소나무보다 월등히 우수하다. 이런 경우, 고려시대부터 안면도 소나무재가 국용재로 엄격하게 보호를 받아왔기 때문에 이런 우량한 재질적 특성이 나타나는 것인지 또는 평균 연륜폭이 다른 지방산(産) 소나무의 약 1/2인 점에 비추어볼 때, 천천히 자라서 생긴 치밀한 조직 때문에 형성된 특징인지는 앞으로 더 연구가 필요한 부분이다.

하나 안타까운 사실은 표 4처럼, 한국의 임업(임학)계는 소나무에 대한 지역별, 수령별, 부위별 역학성능을 지속적으로 측정한 사례가 없다는 점이다. 표 4의 결과는 1994, 2005, 2006, 2010년의 제각각 실시한 연구보고서에서 각각 필요한 부분을 발췌한 결과일 뿐, 전국 각지의 유사한 수령의 소나무에 대한 재질적 특성을 비교 분석하지도 않았을 뿐만 아니라 소나무와 외국산 수종과의 비교 분석도 하지 않았다.

많은 사람들이 금강소나무의 재질이 우량하다고 인식하고 있지만, 다른 지역의

50   황재우. 1993. 앞의 논문

소나무와 별반 차이가 없거나 오히려 더 나쁜 이런 결과를 어떻게 받아들여야 할까? 인정하고 싶지 않겠지만, 지금이라도 지역별 소나무에 대한 보다 광범위한 역학 성능 조사가 실시되어야 함은 물론이다. 문화재청의 목재표준시방서에는 표 5와 같이 국내산 수종의 강도를 제시하고 있다. 흥미로운 점은 문화재청의 목재표준시방서[51]에서 요구하는 소나무의 강도는 경기도 광릉 시험림의 40년생 소나무를 대상으로 1994년 실시한 강도 시험 결과(표 4)와 일치한다는 점이다.

표 5. 문화재수리표준시방서(2013년)가 제시하고 있는 국내산 수종의 강도

수종	종압축강도 (kg/㎠)	횡인장강도 (kg/㎠)	휨강도 (kg/㎠)	전단강도(kg/㎠)	
				방사	접선
소나무	430	885	747	97	104
느티나무	382	1123	959	158	151
참나무	625	1371	1270	214	199

광릉 시험림의 40년생 소나무의 재질적 특성이 문화재의 수리 및 복원에 사용할 소나무의 재질적 특성의 표준이 된 이유는 무엇일까? 이 분야에 대한 연구가 많지 않던 20년 전을 상정할 경우, 소나무재의 소비부처인 문화재청이나 또는 생산부처인 산림청 임업연구원(현 국립산림과학원)이 광릉의 소나무와 영동지방의 강송(금강소나무, 춘양목) 사이에 특별히 재질적 특성(강도)의 차이를 인식하지 못했기 때문은 아닐까? 결국 이러한 자료는 오늘날 많은 사람들이 재질이 좋은 소나무라 치부하는 금강송의 강도 규격이 광릉산 소나무의 규격과 다르지 않음을 시사하는 사례라 할 수 있다.

---

51 문화재청. 2013. 앞의 책

4. 궁궐 건축재 소나무의 선목과 벌목

소나무가 궁궐의 건축재로 조제되기 위해서는 현장 조사에 의한 선목, 벌목, 운반의 단계를 거쳐야 한다. 소나무 재선충병과 솔잎혹파리, 기후 변화로 인한 소나무의 고사 현상이 나라 전역에 만연하고 있지만, 기둥이나 보로 사용할 소나무 대경목을 제외하고는 현재까지 소나무재를 조달하는 데는 큰 어려움이 없었다. 하지만 문제는 작은 소나무 건축 부재의 조달에는 비록 어려움이 없을지라도 궁궐과 같은 큰 건물의 복원사업에 필수적인 구조재의 확보에는 어려움이 있다는 점이다. 대형 건축물의 구조재로 사용될 소나무 대경목을 확보하지 못한다면 복원 공사 자체가 불가능하기 때문이다. 따라서 오늘날 궁궐 건축재의 확보에 있어서 가장 중요한 과업은 소나무 대경목을 산림 현장에서 찾아 벌채 후 임도까지 끌어내리는 일이라 할 수 있다.

선목–현장 조사

지난 20여 년간 진행된 경복궁, 숭례문의 복원(복구)사업에 사용된 목재의 조달처는 주로 강원도 동해안 일대의 소나무에 집중되었다. 이들 지역에 집중된 이유는 조선 중기 이후로 수백 년 동안 나라에서 필요한 소나무 건축재를 해상교통이 편리한 서해안과 남해안 일대에서 조달한 결과 강원도와 경상북도 북부지방을 제외한 나라 전역의 대경목 소나무들이 대부분 고갈되었기 때문이다. 궁궐 복원이나 문화재 복원에 참여하고 있는 대목들은 영동지방의 소나무가 영서지방의 소나무보다 덜 터지고, 덜 뒤틀리기 때문에 궁궐 건축재로 더 선호한다. 특히 '바닷바람을 맞으면서 생육 조건이 좋지 않은 음지에서 더디게 자란 영동지방의 소나무[52]'를 선호한다. 영서지방의 소나무는 비록 생장 속도가 두 배 정도 빠를지라도 재목의 강도가 약하기 때문이다. 경복궁 1차 복원사업이 진행되면서 필요한 소나무 대경목들은 대부분 양양, 명주, 삼척, 울진 등지의 영동지방 소나무들이 사용된 사례[53]를 통해서도 확인된다. 이들 지방의 소나무들이 궁궐 건축재로 각광을 받는 이유는 대부분 오지의 고지대에 위치한 지리적 여건으로 지난 수백 년 동안 벌목의 손길을 피해 살아남은 대경목이기 때문이다. 벌채 및 운반의 어려움에 의해 오늘날까지 잔존해 있던 소나무 대경목을 오늘날 이용할 수 있는 이유는 현대적 기술 및 장비(헬리콥터 등)를 이용하여 벌목 운반을 할 수 있기 때문이다.

따라서 소나무 대경목의 선목 과정은 오지의 고지대에서 주로 이루어지고 있다. 산판에서의 선목 작업은 주로 잎이 떨어진 늦가을에서 눈이 쌓이기 전인 초겨울이나 잎이 나기 전인 이른 봄에 진행된다. 사람이 쉽게 접근할 수 있는 곳은 대부분 벌채 작업이 이미 이루어졌기 때문에 소나무 대경재의 선목 작업은 지형이 험한 곳이나 쉽게 접근할 수 없는 7부 능선 부근에서 이루어진다.

---

52 신응수. 1993. 경복궁 복원과 소나무.『소나무와 우리 문화』. 전영우 편. 숲과 문화연구회
53 신응수. 1993. 앞의 책

궁궐 목수는 선목의 기준으로 나무의 수형, 수피의 형태, 줄기의 굵기 등을 제시하고 있다[54]. 나무의 수형은 멀리 떨어진 곳에서 나무의 연령을 추정할 수 있는 좋은 지표이기에 대경목 선발에 중요하다. 나이가 오래된 소나무일수록 중력에 의해 가지가 아래로 처지는 소나무의 특성을 파악한 경륜에서 나오는 선정 기준인 셈이다. 거북등 같이 갈라진 형상의 수피를 가진 소나무가 좋은 재목일 가능성이 높다는 선정 기준은 소나무 노령목에서 대표적으로 나타나는 수피 형태이기 때문이다. 줄기의 굵기는 기둥이나 보와 같은 구조재로서 사용할 수 있는 대경목 소나무를 선정하는 데 가장 중요한 선목 기준이다. 기둥감의 곧고 굵은 기둥 못지않게 일정 부분 굽어야 하는 굵은 추녀감의 목재를 고르는 일도 중요한 과업임을 대목은 밝히고 있다. 지붕을 앉히는 데 필요한 4개의 추녀감 목재를 찾는 일이 집 한 채를 얻는 기쁨만큼 크다는 표현은 곧고 굵은 목재 못지않게 적당한 길이에서 알맞게 굽은 목재를 구하는 일이 얼마나 중요한지를 강조하고 있는 셈이다.

선목(강원도 강릉 대기리)(2003. 4. 29)

54 신응수. 2002. 앞의 책

벌목과 운반

산판 현장에서 알맞은 나무가 선정되면, 나무를 베는 작업이 다음 순서이다. 계약에 따라 일정 면적의 임지에 서 있는 모든 소나무를 벨 경우, 한꺼번에 모두 베는 작업(개벌 작업(皆伐作業))으로 벌채하는데, 보통 60~70년생 소나무 숲을 대상으로 실시한다. 작업 감독의 지시에 따라 기계톱으로 일시에 진행되고, 벌목된 나무들은 집하장에서 크기에 따라 선별하거나 또는 무작위로 쌓아 트럭으로 임도를 이용하여 치목장으로 실어낸다.

대경목인 경우, 나무를 벨 때에는 나무의 영혼을 위로하고자 산신령께 제사를 지낸다. 수백 년 묵은 나무를 벨 때는 특히 나라님의 명령에 의해서 어쩔 수 없이 벌목한다는 뜻에서 '어명이오'를 세 번 외치며, 외칠 때마다 도끼질을 하면서 나무에 대한 예의를 갖

벌목 의례(한국전통문화재단, 2007, 11, 29)

추는 의식이 행해지고 있다. 그밖에 목욕재계를 하고, 나무의 기가 남아 있는 벌채목의 그루터기(벌근(伐根))에 함부로 올라서지 않으며, 여성의 출입을 막는 것 등이 벌목 현장의 금기사항으로 전해지고 있다. 대경목을 대상으로 단목 벌목 작업을 실시할 경우는 특정한 굵은 기둥감만을 골라서 벌목하는데, 베기 전에 먼저 아래쪽의 수피를 벗겨서 수분의 상승을 막고 그 다음 벌목한다. 나무를 쓰러뜨린 후에는 해충의

모두베기식 벌채(개벌) 작업(강릉 대기리. 2003. 4. 29)

선별적 벌채 작업(한국전통문화재단. 2007. 11. 29)

서식에 좋은 환경을 제공하는 수피를 먼저 벗기고, 운반하기 쉽게 사방으로 뻗은 잔가지를 쳐낸다.

벌목 작업은 일반적으로 벌채목에 피해를 줄이고, 원활한 운송을 위해 보통 가을철이나 초겨울에 실시한다. 수목의 생장 휴지기에 벌목 작업을 하는 이유는 작업의 편리성, 병해충이나 곰팡이 피해 경감, 목재 건조에 유리하기 때문이다. 가을이 되면 대기도 건조하고, 소나무 자체도 생장을 멈추고 월동을 위해 체내의 수분을 상대적으로 줄이기 때문에 목재 건조에 적당한 시기라 할 수 있다. 또 나무줄기 속에 서식지를 만드는 천공성 곤충들의 활동이나 목재를 푸른색으로 변하게 하는 부후균의 침해도 방지할 수 있어서 벌채목의 피해도 줄일 수 있는 이점이 있다.

임도를 통한 벌채목의 운반(2009. 6. 21)

헬기 운반

한겨울에 벌목을 피하는 이유는 눈이 쌓여 벌채한 대경목을 임도까지 운반하기에는 유리할지 몰라도, 눈이 쌓인 임도는 미끄러워 차량의 운행이 불가능하기 때문에 5월까지 산판 현장에 벌채목을 방치함으로써 원목이 피해를 입을 수 있기 때문이다.

줄기가 굵고 긴 대경장재용 소나무를 벌목할 경우, 쓰러뜨리는 방향이 중요하다. 벌채한 나무줄기의 우듬지 부분(말구(末口))이 산 아래쪽으로 향하고, 뿌리 부분의 줄기(벌구(伐口))가 산 위쪽으로 향하게 놓일 경우에 산아래로 운반하기에 편하기 때문에 나무의 쓰러지는 방향을 잘 정하는 것도 중요한 벌목 기술이다. 옛날과 달리 오늘날은 꼭 필요한 대경목을 발견할 경우, 기계톱으로 자른 후 헬기로 치목장까지 바로 운반을 하기도 한다.

소나무 원목의 가치는?

2002년 4월 6일자 동아일보는 "소나무 한 그루가 고급차 한 대 값"이라는 제목으로 강릉서 발견된 330년 된 춘양목을 소개하고 있다. 울진군 서면에서 발견된 문화재 복원용 소나무 가격이 1,300만 원에 매매된 경우를 예로 들면서, 발견된 강릉의 나무는 수고 20m, 지름 116cm, 둘레가 366cm에 이르며, 가격은 2,300여만 원에 이를 것이라는 기사를 싣고 있다. 문화재 복원용 기둥감으로 사용될 소나무 한 그루의 가격은 이처럼 1~2천만 원에 매매되는 경우도 있었다. 광화문 복원에 사용된 원목의 경우, 말구직경 66.7cm, 길이 7.4m의 원목의 경우, 약 9.85㎥의 재적이 나와 6,893,000원에 거래되기도 했다.

그러나 이처럼 굵은 소나무를 찾기 힘든 요즘 과연 소나무 원목의 가격은 얼마나 할

까? 산림조합중앙회 임산물유통정보시스템(http://www.forestinfo.or.kr)에는 우리나라의 각 지방에서 유통되고 있는 다양한 수종의 임산물의 유통 정보를 담고 있다. 이 시스템을 활용하여 강원도동해산 소나무의 가격을 조회하면, 직경 42㎝ 이상, 길이 3.6~4.5m의 원목은 924,000원/㎥으로 나온다. 통나무당 최대 2㎥의 재적이 나온다면 한 그루당 약 200만 원에 거래됨을 알 수 있다.

산림조합중앙회와 달리, 강원도 현지 목상들의 견적을 참고하면, 직경 42㎝ 이상, 길이 8.1m 이상의 특대재 원목의 경우, 재(才)당 6,000~6,500원을 산정하여 2,871,475~3,110,764원으로 평가되고 있다. 따라서 크기(줄기의 굵기, 길이)에 대한 구체적 언급 없이 금강송 한 그루의 가격이 5천만 원이라는 기사는 독자를 오도하는 것이라 할 수 있다. 참고로 문화재수리 표준시방서는 다음과 같이 목재 규격을 분류하고 있다.

표 6. 문화재수리표준시방서(2013년)의 목재 규격

구분		규격	
		밑마구리(원구직경)	길이
원목	일반재 특수재 특대재	Φ30㎝ 미만 Φ30㎝ 이상, Φ45㎝ 미만 Φ45㎝ 이상	12자 미만 12자 이상 24자 이상
각재	일반재 특수재 특대재	대각 Φ30㎝ 미만 대각 Φ30㎝ 이상, Φ45㎝ 미만 대각 Φ45㎝ 이상	12자 미만 12자 이상 24자 이상
판재	일반재 특수재 특대재	대각 Φ30㎝ 미만 대각 Φ30㎝ 이상, Φ45㎝ 미만 대각 Φ45㎝ 이상	12자 미만 12자 이상 24자 이상
적심재	대 소	Φ30㎝ 이상 Φ30㎝ 미만	

※ 판재 : 폭이 두께의 네 배 이상인 것.

산림조합중앙회 동부목재유통센터 저목장에 보관 중인 소나무(2005. 8. 24)

제3장

경복궁과
숭례문 복원용 소나무

경복궁 1차 복원용 소나무

광화문과 숭례문 복원용 대경목 소나무

제3장

경복궁과 숭례문 복원용 소나무

 소나무가 조선시대의 궁궐, 성곽, 묘사 등의 영건공사(營建工事)에 주 건축재로 사용되었듯이 오늘날도 그러한 전통은 이어지고 있다[1]. 그러나 1969년부터 1973년에 걸쳐 진행된 불국사 복원사업을 시작으로 지난 40여 년 동안 지속된 대단위 문화재 복원사업에 사용된 건축재가 모두 소나무만은 아니었다. 1970년대 초기의 '불국사 복원사업에 사용된 목재의 경우, 서까래용 소나무재를 제외하고는 대부분 외국산 목재였다'[2]는 증언도 있다. 이러한 증언을 참고할 때, 1970년대 이후 진행된 문화재 복원사업에는 소나무재와 함께 외국산 수입목재도 빈번하게 사용되었을 것이라고 추정할 수 있다. 이러한 추정은 산림 축적이 빈약할 뿐만 아니라 문화재용 대경목을 벌채 운송하는 데 필요한 산림작업도로나 장비의 구비가 요원했던 1970년대의 시대적 상황에 근거를 두고 있다.

 하지만 이런 시대적 상황에도 불구하고 수원 화성의 장안문 및 창룡문의 복원

---

1 영건의궤연구회. 2010. 앞의 책

2 생명의 숲 국민운동. 2013. 『문화재 복원용 대경재 소나무의 육성 방안』 최종보고서

장안문(한국전통문화재단. 2003. 3. 6)

창경궁 문정전(한국전통문화재단. 2008. 9. 24)

(1975년)에는 경북 울진군의 소나무, 창경궁 문정전 및 정전 회랑 복원 공사(1985년)에는 강원도 명주군 사천면 사기막리의 소나무가 사용됐다는 기록[3]은 소나무를 주 건축재로 사용했던 전통이 지속되었음을 의미한다.

　　소나무 목재가 궁궐의 건축재로 본격적으로 사용된 시기는 1990년대라 추정할 수 있다. 1990년 이전에도 소규모 목조건축이나 다수의 문화재 복원사업에 소나무가 사용되었겠지만, 문화재 복원에 본격적으로 사용된 시기는 1990년부터 20년 동안 진행된 경복궁 1차 복원사업이었다[4]. 경복궁 1차 복원사업에 사용된 목재의 대부분이 영동지방의 소나무인 것으로 보아, 1990년대 초반부터 목조 문화재 복원에 대경목 소나무가 본격적으로 사용된 것으로 추정할 수 있다. 이러한 추정은 1980년대 후반에 이르러 압축고도 성장에 의한 정부 재정의 확충과 함께 치산녹화 및 산지자원화 사업으로 강원도나 경상북도 오지에까지 산림작업도로가 구축되었고, 가용할 수 있는 벌채 및 운송 장비가 확충된 산림 인프라에 근거를 두고 있다.

3　　신응수. 2012. 앞의 책
4　　생명의 숲 국민운동. 2013. 앞의 보고서. 문화재청의 자료에 의하면 경복궁 1차 복원에 사용된 목재의 양은 총 1,727,410재(5,597㎥)였으며, 그 중 수입 목재의 비율은 2.6%였다

1. 경복궁 1차 복원용 소나무(1990~2011년)

경복궁은 조선시대에 만들어진 다섯 개의 궁궐 중 첫 번째 궁궐로 1394년(태조 3년) 착공되어 1395년(태조 4년)에 준공되었다[5]. 조선 왕조의 정궁인 경복궁은 1592 년 임진왜란 때 전소된 후 선조와 광해군 등이 중건을 원했지만 뜻을 이루지 못하고 오랫동안 폐허로 방치되었다.

1867년 흥선대원군의 강력한 의지로 규모 7,225칸 반의 궁궐과 256칸의 후원 전각과 길이 1,765칸의 궁성 담장을 중건하였다. 궁이 완성된 1868년 고종이 경복 궁으로 거처를 옮겼지만, 명성황후의 시해사건(1895년)으로 다시 거처를 러시아공관 으로 옮긴 1896년 이후 주인을 잃은 빈 궁궐이 되었다.

일제에 의해 궁안의 전(殿), 당(堂), 누각 등 4,000여 칸의 건물이 1910년에 헐리 고, 창덕궁의 내전에 발생한 1917년의 화재로 불탄 대조전 회정당을 다시 짓는 데

---

5   문화재관리국. 1994. 경복궁 복원정비기본계획보고서

북궐도(北闕圖)

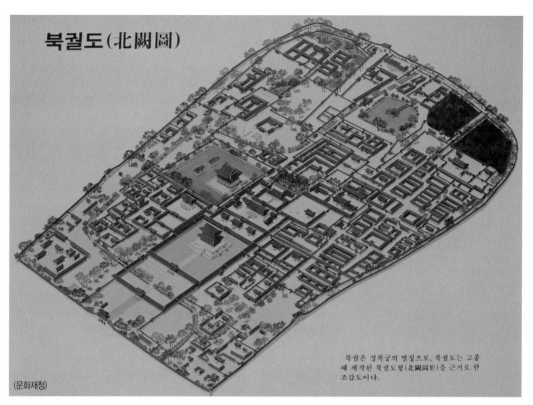

북궐은 경복궁의 별칭으로, 북궐도는 고종
때 제작된 북궐도형(北闕圖形)을 근거로 한
조감도이다.

(문화재청)

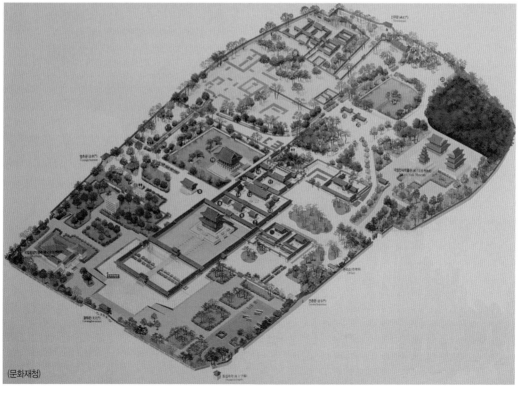

(문화재청)

경복궁 1차 복원(한국전통문화재단)

복원된 흥례문(2004. 8. 23)

필요한 목재를 충당하고자 경복궁의 교태전, 강녕전, 동행각, 서행각, 연길당, 경성전, 연생전, 인지당, 흠경각, 함원전, 만경전, 흥복전 등을 철거하여 더욱 훼손시켰다. 일제는 그 후, 조선 왕조의 상징을 훼손하고 조선의 자존심을 무너뜨리고자 조선총독부 건물을 경복궁 근정전 앞에 지었다.

광복 이후 정부종합청사로 활용되던 구 총독부청사는 1995년 8·15광복 50주년을 맞이하여 철거되었으며, 그 터에 원래의 흥례문 권역이 2001년 10월 복원·낙성되었다. 일제에 의해 훼손되고 파괴된 경복궁의 1차 복원 공사는 1991년부터 20년에 걸쳐 5단계로 진행되어 침전, 동궁, 흥례문, 태원전, 광화문 등 다섯 개 권역을 복원하였다. 1차 복원 공사로 고종 당시 지어진 건물의 25%가 복원되었고, 1968년에 철근콘크리트로 지어졌던 광화문도 2011년 원래의 모습을 되찾게 되었다[6].

소나무 조달 산지

경복궁 1차 복원 공사에 사용된 소나무의 주요 산지는 강원도 양양군과 명주군, 강릉시 성산면, 삼척시 원덕읍 등의 강원도 동해안 지방과 경북 봉화와 울진 일원이다[7]. 이들 지방은 대표적인 강송(또는 금강송) 산지로, 예로부터 질 좋은 소나무가 생산되던 곳이다.

---

6 문화재청. 2011. 경복궁 2차 복원정비기본계획(안)
7 신응수. 1993. 앞의 책. 2005. 『경복궁 근정전』. 현암사

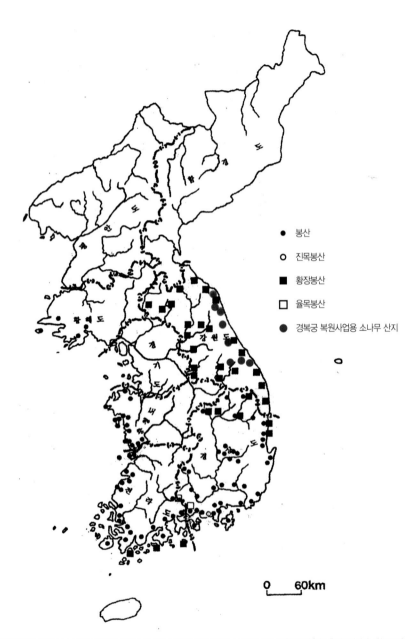

● 봉산

○ 진목봉산

■ 황장봉산

□ 율목봉산

● 경복궁 복원사업용 소나무 산지

0   60km

경복궁 1차 복원사업에 사용된 소나무재의 조달처, 강원도 및 경북 북부 동해안 지방의 소나무가 주로 이용되었다.(지도출처 : 임업연구원 2002)

경복궁 복원용 소나무 벌채(한국전통문화재단)

목재량

경복궁 1차 복원에 사용된 목재의 양은 총 1,727,410재(5,597㎥)로 보고되었다[8](표 7). 이 중 일반재는 693,202재, 특수재는 826,009재, 특대재는 162,589재, 수입재는 45,610재였다. 특대재는 길이 3.6m, 말구직경 42㎝ 이상의 규격을 갖춘 대경재를 말한다. 경복궁 1차 복원에 사용된 특대재의 비율은 전체 사용 목재의 약 9.4%였다.

경복궁 복원에 사용된 목재 중 소나무 대경재의 비율이 10% 내외로 나타난 결과는 조선시대의 궁궐 영건 공사에 사용된 목재 중 대경재의 비율이 약 10% 정도였을 것이라고 추정할 수 있는 하나의 근거라 할 수 있다. 그러나 아쉽게도 그 당시 궁궐 영건 공사에 사용된 목재의 구체적인 규격별 사용량을 확인할 수 있는 자료가 없기 때문에 이러한 10% 내외의 수치는 추정치일 뿐이다.

---

8 문화재청 2000. 침전지역 중건보고서, 동궁지역 중건보고서, 2001. 흥례문 권역 중건보고서, 2005. 태원전 권역 중건보고서, 2006. 건청궁 중건보고서, 2011. 광화문 권역 중건보고서

표 7. 경복궁 1차 복원 공사(1990~2010년까지)의 목재 사용 내용

(단위 : 재(才))

공사내용 공사명	일반재			특수재			특대재	수입목	총합계	비고
	원목	각재	판재	원목	각재	판재				
침전권역 복원 공사	57,029	57,343	21,875	76,334	51,285	2,667	28,860	14,610	310,003	'90~'95년
동궁권역 복원 공사									905,400	'94~'99년
흥례문권역 복원 공사	64,402	61,344	1,557	269,260	107,426	20,223	92,905	24,240	641,357	'98~'01년
태원전권역 복원 공사	162,489	129,586	30,181	62,349	73,905	19,118	14,660		492,288	'97~'05년
건청궁권역 복원 공사	57,206	46,730	3,460	72,262	52,222	18,958	26,164		277,002	'04~'06년
광화문권역 복원 공사	63,128	41,688	3,600	43,578	21,649	19,723	92,543		274,548	'06~'11년
기타권역 (함화당 집경당)	7,540	6,155	5,839	5,973	1,222	629	441		27,799	'06~'08년
근정전 보수공사	75,260	9,600	2,879	25,865	9,095	9,533	93,696	6,760	232,688	'01~'03년
경회루 보수공사	–	6,575	–	22,718	7,268	5,352	29,349		71,262	'95~'99년
계	341,126	295,003	57,073	480,205	284,838	60,966	162,589	45,610	1,727,410	

(출처: 문화재청[6])

2. 광화문과 숭례문 복원용 대경목 소나무

광화문 복원용 소나무 대경목의 조달 산지

광화문 복원의 경우, 소나무 대경재를 조달한 기록이 남아 있어서 대경목 소나무의 생산지를 확인할 수 있다(표 8). 광화문 복원에 사용된 소나무 대경재의 주산지는 모두 강원도로, 그 지역은 삼척시 미로면 활기리의 준경묘, 양양군 현북면 법수치, 강릉시 연곡면 신왕리, 강릉시 성산면 보광리, 강릉시 왕산면 대기리 등이다.

광화문 복원에 사용된 목재량은 표 7의 내용처럼 모두 274,548재였다. 기둥이나 보에 쓰인 소나무 대경재는 평균 길이 22.6m, 흉고직경 73.8㎝, 말구직경 27㎝의 준경묘에서 벌채한 소나무 10그루를 비롯하여 모두 36그루의 대경재가 사용되었다. 사용된 대경재 소나무의 특성은 표 8과 같다. 이들 대경재는 광화문의 주두, 도리, 장여, 창방, 연목, 반자틀, 평방, 상인방, 귀고주, 귀포첨차, 상인방, 살미, 머름용 목재로 사용되었다.

표 8. 광화문 복원에 사용된 소나무 대경재 산지 및 특성

생산지	소나무 대경재의 특성				조달처
	본수	길이(m)	말구직경(cm)	흉고직경(cm)	
강원 삼척시 미로면 활기리 — 준경묘	10	22.6 15.3~28.7	27.0 20~36	73.8 68~80	문화재청
강원도 양양군 현북면 법수치	20	9.96 6~12.5	34.4 21~40	56.9 40~64	산림청
강원도 강릉 연곡면 신왕리	2	7.5 7~8	48.5 39~58	60 55~65	산림청
강원도 강릉 성산면 보광리	2	11.7 11~12.4	46.5 45~48	66.5 62~71	산림청
강원도 왕산면 대기리	2	10.2 9.4~11	40.5 39~42	64.5 63~66	산림청

(출처 : 한국전통문화재단(2013))

광화문 복원용 소나무재 벌채(한국전통문화재단)

광화문 복원용으로 벌채된 소나무 대경목(강릉 연곡면 신왕리, 한국전통문화재단)

광화문 복원 공사(한국전통문화재단)

복원된 광화문(한국전통문화재단)

숭례문 복원용 소나무 대경목

숭례문은 한양 도성의 남문으로 1398년(태조 7년)에 건립되었다. 숭례문은 여러 번에 걸쳐 개건, 중건, 수리 등의 과정을 거쳤지만, 2008년 2월 10일 일요일 오후 8시 50분경 한 노인의 방화로 2층 문루와 지붕이 불에 타서 큰 피해를 입었다. 2010년 2월에 복구공사가 시작되어 2013년 5월에 준공되었다.

숭례문 복구용 소나무 벌채(한국전통문화재단)

숭례문 복구사업의 가장 큰 난관은 소나무 대경목의 확보였다. 소나무 확보에 대한 언론의 지속적인 관심은 많은 국민의 호응을 불러내었고, 화재 직후 150여 명의 국민이 소나무의 기증 의사를 밝히기도 하였다. 벌채와 운반의 곤란, 왜소한 직경의 문제로 10여 곳의 소나무를 수급하여 숭례문 복구에 사용하였다(표 9).

표 9. 숭례문복원에 사용된 소나무 대경재 산지 및 특성

생산지	소나무 대경재의 특성				조달처
	본수	길이(m)	말구직경(cm)	흉고직경(cm)	
강원 삼척시 미로면 활기리 – 준경묘	10	16.85 14.3~27.4	38.3 27~50	66.1 57~78	문화재청
경북 영덕군 창수면	4	9.2 7.55~10.5	40.8 42~46	58.5 52~64	기증목
경북 영덕군 강구면	1	8.1	47	70	기증목
강원도 영월군 영월읍	1	9	42	60	기증목
강원도 강릉시 왕산면	5	14.86 12.3~15.6	20.3 16~26.5	41.4 37~44	기증목
강원도 평창군 방림면	3	5.54 3.6~6.53	45 36~62	51.33 44~65	기증목
강원도 평창군 봉평면	2	8.45 5.6~11.3	27.5 21~34	42 34~50	기증목
충남 서천군 서면	2	9.7 8.8~10.6	35.0 30~40	57.0 52~62	기증목
충남 보령시 청라면	3	6.78 4.1~6.9	36.3 33~42	51.7 46~62	기증목

(출처 : 한국전통문화재단(2013))

숭례문 복구에 사용된 대경목의 산지는 문화재청이 관할하고 있는 강원 삼척시 미로면 활기리(준경묘), 그 밖에 일반 국민이 기증한 경북 영덕군 창수면, 경북 영덕군 강구면, 강원도 영월군 영월읍, 강원도 강릉시 왕산면, 강원도 평창군 방림면, 강원도 평창군 봉평면, 충남 서천군 서면, 충남 보령시 청라면 등이다.

숭례문 복구사업에는 모두 151,369재가 사용되었다. 이들 복구용 목재 중 충당된 소나무 대경목의 규격은 표 9와 같이 준경묘 소나무 10그루의 경우, 평균 길이 16.85m, 흉고직경 66.1㎝, 말구직경 38.3㎝였고, 나머지 21그루의 크기는 길이 5m에서 15m, 흉고직경 70~42m, 말구직경 21~62㎝였다. 이들 소나무 대경목은 주동바리, 상층기둥, 종량, 도리, 상층대량, 상층추녀, 고주동바리 등의 부재로 사용되었다.

숭례문 복구용 소나무 벌채목 건조(경복궁 건조장, 2010. 1. 8)

숭례문 복구공사(한국전통문화재단)

복구된 숭례문(한국전통문화재단)

복구된 숭례문(문화재청)

제4장

조선시대
궁궐 건축재 소나무

궁궐 건축재 소나무의 종류와 규격

소나무의 조달처와 물량

제4장

조선시대 궁궐 건축재 소나무

선사시대와 삼국시대에는 목조 건축물의 주 건축재가 참나무와 느티나무였지만, 인구 증가와 농경에 따른 인가 주변 산림의 지속적 이용으로 조선 중기에 이르러서는 소나무로 바뀌었음을 앞서 살펴보았다. 이런 추세에 따라 임진왜란 이후에 축조된 조선시대의 궁궐 건축재도 대부분 소나무였다[1]. 조선시대 당시에 조달된 궁궐 축조용 소나무 건축재의 물량과 생산지를 파악하면 오늘날 영동지방의 금강소나무를 최고의 궁궐 건축재로 믿고 있는 우리들의 인식이 어떻게 유래되었는지와, 그 정확성 여부를 유추할 수 있는 단서 또한 찾을 수 있을 것이다. 그래서 조선시대의 영건도감의궤[2]를 분석하여 관수용 소나무재의 종류와 대경목(부등목)의 규격 및 양과 생산지를 정리하였다.

---

1   정영훈. 2013. '문화재 수리용 목재의 조달 방안과 과제' 생명의 숲 국민운동 『문화재 복원용 대경재 소나무 육성 방안』 최종보고서
2   조선시대의 영건도감의궤는 32종이 있다. 영건의궤연구회. 2010. 『영건의궤』. 동녘

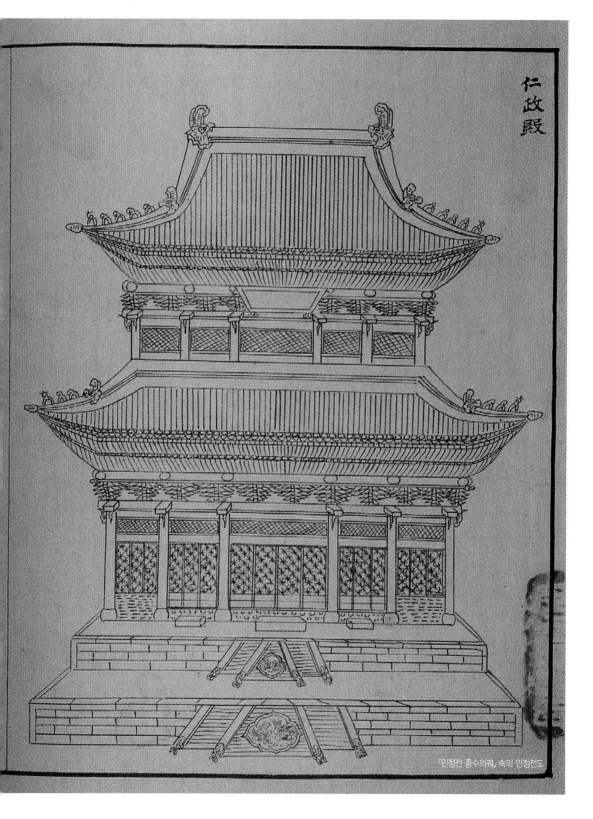

仁政殿

「인정전 중수의궤」 속의 인정전도

1. 궁궐 건축재 소나무의 종류와 규격

◈

　궁궐과 성곽 축조와 같은 조선시대의 관영건축공사(官營建築工事)에는 영건도감이란 임시 관서를 설치하고 공사를 진행하는 한편, 공사에 관한 종합보고서를 의궤로 관찬하였다[3]. 조선시대의 영건도감의궤는 17세기 이후 기록된 것들이 대부분으로 오늘날 32종이 남아 있다. 이들 의궤 중 가장 이른 시기의 의궤는 『창덕궁수리소의궤(1633년)』이고, 가장 최근에 작성된 의궤는 『경운궁중건도감의궤(1906년)』이다.

　영건도감의궤에는 궁궐 축조에 사용된 나무의 종류, 산지와 규격 및 수량에 대해 기록되어 있다. 이들 기록은 오늘날의 문화재 복원용 소나무와 조선시대의 궁궐 건축재를 비교 분석할 수 있는 귀중한 자료이다.

　그러나 조선시대의 영건도감의궤가 비록 그 당시 목조 건축물에 관한 다양한 정보를 제공하고 있을지라도, 의궤의 기록은 목재의 종류를 수종이나 용도별로 정확하게 구분하지 않거나, 목재의 크기에 따라 용어를 혼용하고 있는 경우도 많다. 따라서 관영공사의 구조재로 사용된 수종이 확실한 소나무 부등목(不等木)을 중심으로

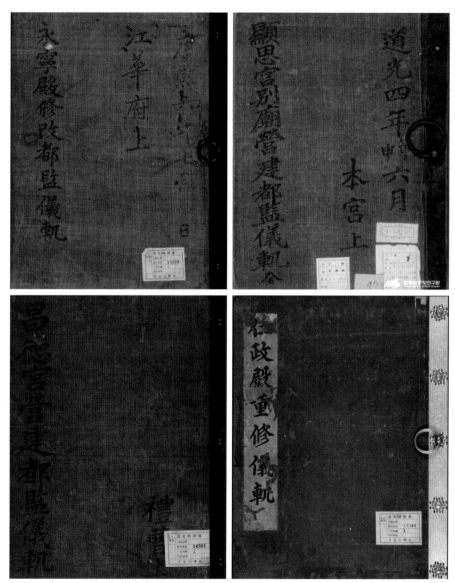

조선시대 영건도감의궤
『영녕전수개도감의궤』(1667), 『현사궁별묘영건도감의궤』(1824), 『창덕궁영건도감의궤』(1834), 『인정전중수의궤』(1857) (서울대 규장각
한국학연구원)

규격, 조달처 등을 조사 분석하면 과거의 궁궐 건축재 소나무의 조달과 활용 과정을 살펴볼 수 있다.

관수용 소나무의 종류

조선시대 관수용 구조재는 주로 소나무가 사용되었다. 하지만 조선 후기의 화성 성역, 인정전 개축, 경복궁 중건에는 소나무 대경목의 부족으로 소수의 전나무(회목(檜木))나 느티나무(괴잡목(槐雜木))가 사용되기도 했다[4]. 조선 전기에는 관수용 목재를 크기에 따라 체목(體木)과 연목(椽木)으로 분류하였다[5]. 체목(體木)은 수종에 관계없이 기둥이나 도리용 구조재로 사용된 원목을 뜻한다. 체목 중 대들보나 기둥감으로 쓸 소나무재는 부등목(不等木)이라 하고, 대·중·소로 나누어 대부등, 중부등, 소부등으로 세분하였다[6]. 연목(椽木)은 서까래용으로 사용된 목재로 보통 소나무재가 사용되었다. 그 밖에 부등목이나 대연목(大椽木)을 만들고 남은 자투리 목재를 말단목(末端木)이나 제재목(裁裁木)으로 불렀다.

조선 후기에 이르러 관영건축용 재목의 종류는 대·중·소로 분류된 부 등목 이외에 양목, 체목, 누주, 궁재, 재목 등으로 세분되었다. 이러한 분류는 19세기 이후부터 보다 구체적으로 세분화되어 재목의 크기와 용도에 따라 나누었으며, 그 내용은 다음과 같다.

---

4   김왕직. 1999. 앞의 학위 논문. 문화재청 2003.『근정전 보수공사 및 실측조사보고서』

5   이권영. 2001. 조선 후기 관영건영공사의 목부재 생산과 물량 산정에 관한 연구. 〈건축역사연구〉 제10호 1권(통권 25호)

6   김왕직. 1999. 앞의 학위 논문 재인용

- 양목(樑木) : 대량, 종량, 퇴량, 덕량, 곡량, 평량, 합량 등으로 쓰이는 목재

- 누주(樓柱) : 누각의 기둥감으로 쓰는 굵고 긴 통나무

- 궁재(宮材) : 곁가지를 어느 정도 쳐낸 목재로 궁에서 사용되는 목재

- 벽련목(劈鍊木) : 원목을 켜서 각재로 만든 일차 가공된 목재

- 장송목(長松木) : 소나무를 얇게 켠 소나무 판재

한편 의궤에는 목재를 세는 단위로 조(條), 주(株), 개(介 또는 個), 입(立)이 사용되었고, 조, 주, 개는 원목의 낱개를 세는 '그루'를 말하고, 입은 얇은 판재를 세는 단위로 기록되어 있다[7]. 가장 부피가 큰 부등목의 단위는 조였음을 알 수 있다.

관수용 소나무 부등목의 규격과 재적

조선시대 관수용 구조재로 사용된 소나무재의 크기를 가늠할 수 있는 방법은 그 당시 궁궐과 성곽 등의 관영공사에 조달된 소나무 부등목의 규격으로 확인할 수 있다[8].

영녕전 수개 공사(1667년)에서 화성 성역 공사(1796년)에 이르기까지 130여 년 동안 조선 후기의 관영공사에 사용된 목재 규격의 일람표(표 1)는 17세기 후반부터 18세기 말에 사용된 소나무 구조재의 크기를 짐작할 수 있다.

구조재로 사용된 부등목의 규격은 대체로 길이와 말원경(末圓徑)에 따라 특대, 대, 중, 소로 분류하지만, 길이 못지않게 중요한 기준은 나무줄기의 두께를 나타내는 말원경임을 표 1로 확인할 수 있다. 화성 성역에 사용된 목재를 제외하고는 대부분 대

---

7   박성훈. 『단위어사전』. 민중서림. 1998
8   이권영. 2001. 앞의 논문 재인용

표 1. 조선 후기 관영건축공사 원재의 규격 일람표(단위: 척(尺))

재목명	영녕전수개도감 (1667)		남별전중건도감 (1677)		종묘개수도감 (1725)		화성 성역 (1796)	
	간장 (幹長)	말원경 (末園經)	간장 (幹長)	말원경 (末園經)	간장 (幹長)	말원경 (末園經)	간장 (幹長)	말원경 (末園經)
특대부등					28.5	2.7		
대부등	20	2.4	20	2	21	2.4	30	2.2
중부등	16	1.9	18	1.8	19(18)	2.1(1.9)	27	2
소부등	16	1.6	16	1.7	18.5	1.7	25	1.8

(출처: 이권영, 2001.)

부등의 길이는 20~21척, 말원경은 2~2.4척이였으며, 중부등은 길이 16~19척, 말원경 1.8~2.1척, 소부등은 길이 16~16.5척, 말원경 1.6~1.7척이였다. 화성 성역에 사용된 목재의 경우, 말원경의 크기는 영녕전, 남별전, 종묘개수공사에 사용된 목재와 큰 차이가 나지 않았으나, 길이에 있어서는 기존의 건물 개수(改修)에 사용된 목재의 규격과는 큰 차이가 났다.

조선 후기 관영건축공사 원재의 규격 일람표에 따라 부등목들의 규격을 미터법으로 환산하여 재적을 계산하면 다음 표 2와 같다. 부등목 한 그루의 재적이 소부등의 경우, 1.1~2.3 m^3, 중부등의 경우 1.6~3.2 m^3, 대부등의 경우 2.2~4.3 m^3, 특대부등의 경우 6 m^3에 달하는 대경재임이 밝혀졌다. 조선 후기에 관영공사에 사용된 부등목의 규격은 오늘날 진행되고 있는 문화재 수리와 복원에 필요한 소나무재의 규격을 예상 할 수 있는 기록이라 할 수 있다.

표 2. 조선 후기 관영건축공사에 사용된 부등목의 규격과 재적

| 부등목 | 줄기 길이와 두께 | | | | 재적 (㎥) |
| | 간장(幹長) | | 말원경(末圓徑) | | |
	(尺)	(m)	(尺)	(cm)	
특대부등	28.5	8.5	2.7	81	6
대부등	20~30	6~9	2~2.4	60~72	2.2~4.28
중부등	16~27	4.8~8.1	1.8~2	54~60	1.6~3.15
소부등	16~25	4.8~7.5	1.6~1.8	48~54	1.1~2.27

(재적 : 말구 직경 자승법에 의해 산출)

궁궐 축조용 대경목 소나무의 크기를 가늠할 수 있는 또 다른 자료는 화성 성역 (1796년), 인정전 건영(1805년), 경복궁 중건(1865년) 시 사용된 구조재(기둥과 보감)의 규격을 통해서도 알 수 있다(표 3).

궁궐의 정전인 창덕궁 인정전과 경복궁 근정전의 기둥감으로 사용된 고주(高柱)의 크기는 화성 성역의 팔달문 축조에 사용된 목재보다 길이가 적어도 3m~5m 이상 더 장대한 목재가 사용되었음을 이 표로써 확인할 수 있다. 이와 같은 내용은 경복궁 중건할 당시 전라도 금오도와 경상도 거제도에서 기둥과 보감으로 530여 그루의 구조재(길이 60자에서 17척, 말원경 4척에서 1.5척)를 벌채하여 조달했다는 기록과도 합치된다[9].

---

9   문화재청. 2003. 근정전. 보수공사 및 실측조사보고서

인정전(2004. 6. 26)

팔달문(문화재청)

근정전(문화재청)

표 3. 화성 성역, 인정전 건영 및 경복궁 중건에 사용된 구조재의 규격

부재명 규격 : 간장·말원경(尺)	팔달문(1796)	인정전(1805)	근정전(1865)
고주	28.8×1.9	46×1.8	38×1.8
하층평주	7×1.9	16×1.8	16×1.8
상층평주	12×1.3	14×1.6	14.6×1.8

(출처 : 이권영(1998)과 신응수(2005)의 보고 통합)

지금부터 150여 년 전에서 200여 년 전의 궁궐 및 성곽 축조에 사용된 구조재의 규격과 최근 복원 및 복구된 광화문과 숭례문에 사용된 소나무 벌채목의 말원경 두께(최대 말원경 1.9척에서 0.6척)와 비교해 보면 조선시대 궁궐 축조용, 관수용 목재의 크기(최대 말원경 4척에서 1.5척)가 얼마나 장대한지 짐작할 수 있다.

또한 17세기 후반에 시행된 영녕전 수개 공사의 경우, 대부등의 말원경이 2.4척인 점을 비교하면, 19세기에 이르러 팔달문과 인정전과 근정전에 사용된 고주의 말원경이 1.8~1.9척으로 최대 0.6척 줄어들었음을 확인할 수 있다. 조선 후기로 내려올수록 궁궐 축조에 필요한 소나무 대경재의 확보가 쉽지 않았음을 구조재의 규격으로도 확인할 수 있는 것이다.

2. 궁궐 건축재 소나무의 조달처와 물량

❂

궁궐 건축재 소나무의 조달처

궁궐 축조용 소나무 건축재의 조달은 조선 초기에는 서해안과 남해안의 의송지에서 이루어졌고, 조선 중기에도 그 추세는 한동안 지속되었다. 그러나 조선 후기에 이르러 서해안과 남해안의 소나무 대경목이 고갈되면서 북한강과 남한강의 상류 지역인 강원도 일대와 동해안의 강릉, 영양, 삼척 등지에서 소나무를 주로 조달하였다.

조선 중기에 시행된 봉산(●)이 대부분 연안 지역에 분포하고 있는데 비해 조선 후기의 황장봉산(■)은 남한강과 북한강 수계의 상류나 동해안에 위치해 있음을 그림 2로 확인할 수 있다[10]. 조선 후기에 황장목을 조달하고자 지정한 황장봉산의 분포지(■)는 우에기 호미키 교수가 분류한 금강형 소나무 분포지(|)는 물론이고, 태백산 주변에서 생산된 춘양목 분포지(#)를 모두 포함하고 있다.

---

10   임업연구원. 2002.『조선 후기 삼림정책사』

조선 전기(1448) 영선용 소나무재를 조달했던 의송지(宜松地)
고을의 분포도. 궁궐 건축재 소나무는 주로 동·서·남해안의
연안봉산에서 조달했다.

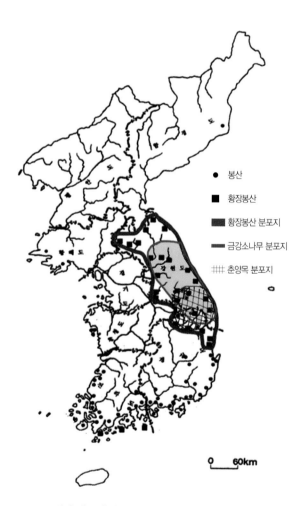

조선 후기(1864) 대동여지도에 나오는 (황장)봉산과 영선용
소나무재를 조달했던 고을의 분포도. 20세기의 춘양목과
금강소나무의 분포지는 18~19세기의 조선시대 황장봉산 분포처
내에 자리 잡고 있다.(의송지, 봉산 및 황장봉산 위치의 지도.
출처 : 임업연구원. 2002).

임학(임업)계[11]에서 경북 북부지방까지 포함하여 강원도산 소나무를 강송(춘양목)이란 별칭으로 부르고, 그 밖의 지역의 소나무를 육송(또는 '소나무')이란 별칭으로 구분하는 이유는 조선시대부터 질 좋은 소나무를 뜻하는 황장목의 주산지가 강송의 주산지이기도 한 강원도와 경상북도 북부지방이었기 때문이라 할 수 있다.

영건도감의궤에 의하면, 조선 후기 궁궐 건축재 소나무를 가장 많이 조달한 지역은 강원도였고, 그다음으로 충청도와 전라도 순이었다. 전라도는 부등목 소나무를 강원도와 충청도 다음으로 많이 조달한 지방이었는데, 연안 도서에서 선박으로 용이하게 무거운 목재를 운송할 수 있었기 때문으로 판단된다. 한양 도성 인근에 위치한 경기도에서 부등목의 조달 사례가 없거나 황해도에서 소수의 부등목이 조달된 이유는 인구 밀집 지역의 목재 수요가 다른 지역에 비해 상대적으로 많아서 대경목이 훨씬 일찍부터 고갈되었기 때문으로 추정된다. 의궤에는 서까래감 소나무재를 비롯한 여타 종류의 목재를 경기도와 황해도에서 대량으로 조달했음을 밝히고 있다.

남별전(1677년)과 의소묘(1752년)의 영건 공사에 강원도에서만 부등목이 조달되었고, 전라도와 충청도에서는 조달 물량이 없었던 사실은 17세기 후반에 이미 이들 지역에서 소나무 대경목이 고갈되기 시작하였음을 의미한다. 유사한 현상은 18세기 말의 화성 성역 공사나 19세기 중반의 인정전 중수 공사에서도 찾을 수 있다.

화성 성역 공사에는 전라도에서 부등목 조달이 없었고, 인정전 중수공사에는 충청도와 강원도에서의 조달이 없었다. 60여 년의 시차를 두고 충청도와 강원도 또는 전라도에서 부등목을 번갈아 조달했던 이유 역시 소나무 대경목의 확보가 쉽지 않았기 때문일 것이다.

경복궁 중건 공사에는 19세기 이전까지 관영건축공사에 필요한 부등목의 조달

---

11 산림청. 1974, 1997. 앞의 책. 임업연구원. 1982. 앞의 책. 숲과 문화연구회. 1993. 앞의 책

처로 한 번도 고려하지 않았던 경상도와 평안도와 함경도까지 대상지에 포함하고 있다. 부등목의 대상지가 이처럼 확대된 이유는 조선 후기로 내려올수록 나라 전역에 확산된 산림 황폐에 기인한다. 그 결과 임산자원은 고갈되고, 부등목과 같은 소나무 대경목의 확보는 더욱 어려워졌다. 소나무 대경목의 고갈은 화성 성역, 인정전 개축(1805년~1807년)과 경복궁 근정전 중건(1865년) 시에 전나무(회목(檜木))를 구조재의 일부로 사용한 기록[12]으로도 확인된다.

인정전 중수 공사를 제외한 대부분의 영건공사에 부등목을 조달한 강원도의 경우, 주된 소나무 산지는 원주, 평강, 정선, 양구, 금성, 화천, 인제, 강릉, 홍천, 횡성, 영월 등지였다. 이들 지역은 주로 남한강과 북한강의 물길을 이용할 수 있는 강원도 지역이었고, 이들 조달처는 조선시대 황장금산이나 황장봉산으로 지정되었던 인근 지역이다.

의궤에는 전라도에서 부등목을 조달한 경우, 벌목장에서 포구까지의 거리는 보통 2~3리였고, 거리가 먼 경우는 7~8리였다고 밝히고 있다. 이들 벌채목은 가까이는 30~40리에서 먼 경우 70~80리 거리를 해상으로 운송하여 최종 집결지인 수영에 집하되어 한양으로 운송되었다[13]. 강원도에서의 조달은 북한강 수계를 이용할 수 있는 양구, 낭천(화천), 춘천, 금성, 홍천, 구성, 인제 등에서, 또 남한강 수계를 이용할 수 있는 이천(伊川), 정선, 평창, 영월 등지에서 주로 이루어졌다. 동해안의 양양과 삼척의 벌채목은 선박으로 조달되었는데, 삼척의 경우에는 벌목장에서 해안까지 70리 거리를 인력으로 옮겼음이 기록으로 남아 있다[14].

---

12 신웅수. 2005. 앞의 책

13 김왕직. 1999. 앞의 박사학위 논문에서 재인용

14 동부지방산림청. 2002. 『국유림 경영 100년사』

표 4. 조선시대 영선용 부등목의 조달처

시기	공사 대상	부등목 조달처	출처
1656	창덕궁 만수전 개축	전라도 변산, 완도, 부안, 강진, 해남, 진도, 충청도 청풍, 단양, 영춘(남한강변), 강원도 원주, 평강, 이천, 강릉(정선의 명지천)	『창덕궁만수전수리의궤』
1677	영녕전 영건	강원도, 전라도, 충청도	『영녕전수개도감의궤』
1677	남별전 영건	강원도	『남별전중건청의궤』
1752	의소묘 영건	강원도 양구, 금성	『의소묘영건청의궤』
1794~1796	화성 성역 신축	충청도 안면도, 강원도 금성, 낭천(화천)	『화성성역의궤』
1854~1868	인정전 중수	경상도 통영, 충청도 안면도 황해도 장산곶, 강원도	『인정전중수의궤』
1865~1868	경복궁 중건	강원도 영월, 삼척부의 울릉도, 전라도 일오도 경상도 거제도, 문경, 경기도 김포 장릉(章陵) 평안도 강계 적유령, 영변 묘향산, 함경도 함흥 덕안릉, 장진과 후주	『영건일감』(문화재청 보고서)

치악산 구룡사 황장금표(2006. 7. 19)와 탁본

한계령 안산 황장금표(2009. 6. 30)와 탁본

영월 사자산 황장금표(2004. 6. 12)와 탁본

울진 소광리 장군터 황장봉표

울진 소광리의 봉표(울진군청, 2011, 9, 21)

의궤에 기록된 목재의 조달처를 시대별로 정리한 연구 결과[15]에 의하면, 17세기의 경우 부등목은 주로 전라도(부안, 변산, 강진, 진도, 해남)에서 구했으며, 재목은 강원도(이천(伊川), 평강), 서까래는 황해도, 대연(大椽)은 충청도(청풍, 단양, 영춘) 등지에서 조달했음을 확인할 수 있다. 18세기의 경우 강원도(양구, 낭천(화천), 금성, 홍천), 충청도(안면도), 황해도(장산곶), 전라도(무안, 나주, 진도, 완도, 강진, 고흥, 순천, 광양) 등지에서 관영공사에 필요한 목재를 조달했다. 19세기의 경우 조달처가 나라 전역으로 확장되어 경기도(양근, 저평, 가평, 양주, 연천), 황해도(장산곶), 강원도(이천, 평강, 철원, 낭천, 회양, 금성, 양구, 인제, 춘천, 홍천, 횡성, 평창, 영월, 정선, 양양, 강릉, 삼척), 충청도(안면도, 태안, 서산), 전라도(영암, 강진, 해남, 완도, 고흥, 돌산, 순천), 경상도(하동, 사천, 거제, 통영)에서 목재를 조달했다. 20세기 초에는 강원도(금화, 금성, 추양, 양천, 인제, 양구), 경상도(동래), 경기(양주) 등지에서 조달했다.

목재 운반에 편리한 남한강과 북한강 상류의 지역들이 주된 소나무 조달처가 되었고, 조달지에서 준비된 목재는 물이 얕고 험한 금성, 양구의 경우, 낱개로 방류하여 낭천(화천)에서 지역 벌채목과 합쳐 뗏목으로 운송되었다. 한 뗏목엔 50~70개의 목재가 묶어졌으며, 수량이 풍부한 시기를 기다려 여러 개의 뗏목을 엮어서 한강으로 실어내어 목재 저류장이 있던 뚝섬이나 용산 일대 경강변에 집산되었다.

궁궐 건축재 소나무의 조달량

조선 후기의 영건공사별 소나무 부등목의 도별 조달량을 참고하면 궁궐 축조용 소나무 구조재의 생산지를 확인할 수 있다(표 5). 1656년에 시행된 만수전 공사에서 1796년의 화성 성역 공사까지, 의궤에는 부등목이 조달 목재의 종류가 별도 항목

15　김왕직. 1999. 앞의 박사학위 논문

표 5. 조선 후기 영건공사에 조달된 도별 소나무 구조재의 양

영건공사	종류별	전라	충청	강원	황해	경상	평안	함경
만수전 (1656)	중부등	125	95	73				
	소부등	100	90	32				
영녕전 (1667)16	대부등	18	12	10				
	중부등	10	10	11				
	소부등	50	50	20	40			
남별전 (1677)	대부등			11				
	중부등			8				
	소부등			32				
의소묘 (1752)	별부등목			3				
	부등목			70				
화성 성역 (1796)	대부등		344					
	중부등		656	21				
	소부등			735				
인정전 1854~1857	대량 및 고주감	223				18		
경복궁 1865~1868	대량 및 고주감	527	500	1,300		13	30	36
합계		1,053	1,757	2,326	40	31	30	36

(출처 : 김왕직, 1999. 이권영. 2001, 배재수. 2000)

16 이권영, 서치상, 김순일. 1988. 조선 후기 강경변 영선 목재에 관한 연구. 〈건축역사연구〉 제7권 호1

으로 구분되어 있지만, 19세기 중반의 인정전중건의궤와 경복궁중건영건일감에는 조달 목재의 종류를 부등목 대신에 대량 및 고주감으로 분류하여 편의상 구조재의 양에 이들 조달 물량을 함께 기록하여 비교했다.

기존의 연구[17]로 정리된 소나무 부등목의 도별 조달량은 비록 영건의궤 32종에 수록된 모든 영건공사의 통합 자료는 아닐지라도 17세기 중엽부터 19세기 중엽까지 국가에서 조달한 소나무 구조재의 생산지의 변화 추세를 파악할 수 있는 기초적인 근거를 제공한다.

1656년에 시행된 만수전 개축 공사에 사용된 부등목은 전라도산(産)이 225조로 가장 많고, 그다음 순으로 충청도 185조, 강원도 105조였다. 이 당시만 해도 전라도 변산, 완도, 부안, 강진, 해남, 진도 지방과 충청도 청풍, 단양, 영춘(남한강변) 지방의 산림에서 기둥감으로 쓸 소나무 대경목을 쉽게 조달할 수 있었던 셈이다. 이러한 추세는 강원도(31조)보다 전라도(78조)와 충청도(72조)에서 더 많은 부등목을 조달했던 영녕전(1667년) 개축 공사에서도 지속되었다. 그러나 그 10년 후의 남별전(1677년) 개축 공사부터 85년 후의 의소묘(1752년) 영건 공사에 이르기까지 부등목은 오직 강원도에서만 조달되었을 뿐, 전라도와 충청도에서는 조달되지 못했다.

구조재로 사용된 소나무 부등목의 각 도별 조달 물량은 17세기 중반 이후 200여 년 동안 강원도에서 가장 많았고, 충청도가 그다음 순이었다. 강원도의 경우, 부피가 큰 부등목의 운반에 남한강 및 북한강의 수로를 운송 수단으로 쓸 수 있는 지리적 이점은 물론이고, 다른 지방에 비해 상대적으로 넓은 산림 면적으로 인해 가장

---

17 김왕직. 1999. 앞의 박사 학위 논문. 이권영. 2001. 앞의 논문. 배재수. 2000. 조선 후기 국용 영선 목재의 조달 체계와 산림 관리-창덕궁 인정전 중수를 중심으로-. 숲과 문화총서 8. 『숲과 임업』. 수문출판사에서 재인용

안면도 소나무 숲(2003. 9. 16)

많은 물량의 조달에 기여하였을 것이다. 대부분 안면도에서 조달한 충청도의 경우도 벌채지에서 해안까지의 짧은 운송 거리와 연안 수송의 편리성 때문에 적극적으로 이 지역에서 소나무를 조달했을 것으로 추정할 수 있다.

궁궐 건축재 소나무의 조달 체계

　　조선 왕조는 국용재(國用材) 소나무의 원활한 공급을 위해 금산(禁山)제도와 봉산(封山)제도를 시행했다. 금산제도는 조선 전기에 시행된 산림 제도로 궁궐과 성곽의 축조에 필요한 건축재, 왕족을 위한 관곽재, 선박 건조에 필요한 조선재 등의 소나무 국용재를 확보하고자 지정한 산림이다. 조선 전기에 관수용 목재의 조달 체계는 '건축물의 규모와 공사 시기 확정-도감 설치 및 목재 소요량 파악-각도와 읍진에 국용재의 공납량 할당-비변사와 목수, 감작차사원, 벌채감독관, 독운차사원, 영운차사원의 책임 아래 벌채 및 운송'의 절차를 밟아 다음과 같은 순서로 진행되었다.

① 규모가 큰 공사는 도감(都監)을 설치하고 목재 소요량을 파악한다.

② 목재 소요량을 각 읍·진에 할당한다.

③ 비변사에서 벌채허가증[관문(關文)]을 발급받는다.

④ 관문을 소지한 목수나 패장(牌將)을 벌채 현장에 파견한다.

⑤ 목수가 감작차사원(鑑斫差使員 : 벌채감독관)과 함께 알맞은 목재를 선정한다.

⑥ 선정 후에는 감작차사원이 지휘하여 벌채한다.

⑦ 벌채목을 독운차사원(督運差使員)의 지휘하에 강가나 바닷가로 운반한다.

⑧ 영운차사원(領運差使員)의 책임 아래 벌채목을 실어 물길을 따라 용산나루터나 그 밖의 장소로 운송한다.

⑨ 도감은 운반된 목재를 이용하거나 비축한다.

　　조선 왕조는 숙종대에 이르러 문란해진 임정을 바로잡고, 보다 효율적으로 산림을 기능별로 관리하고자 봉산제도를 도입하는 한편, 대동법의 도입으로 현물 공납을 쌀로 대신하고, 영선목재를 비롯한 나라에서 필요한 자재는 시전(市廛)이나 공인(貢人)에게서 구입하여 조달하였다. 따라서 조선시대의 국영 건축 공사에 필요한 목재의 조달은 대동법 시행 전후로 구분할 수 있다. 조선 초기 궁궐이나 성곽을 축조하거나 수리하는데 필요한 국용재 소나무의 조달 방법은 금산에서 벌채한 소나무의 현물 공납이었지만, 대동법(1608년 최초 시행, 효종대와 숙종대 1708년에 이르러 황해도까지 확산)이 시행된 조선 후기에 이르러 기둥, 대들보, 추녀 등의 대경목은 국가에서 관리하는 봉산에서 충당하고, 나머지 건축 가설재나 소부재는 시전이나 공인이 운영하는 민간 나무시장에서 구입하여 사용했다. 조선시대의 국용재의 조달지와 조달 방법은 표 6과 같이 정리할 수 있다.

표 6. 국가 직속용도림의 설정과 조달 체계

구분	목재 수요		조달지	조달
국가 수요	건축토목용재 : 궁궐, 관아 신축과 개축		봉산	대동법 우량송목→국가직속용도림
	관곽용재		황장봉산	
	선박용재 : 전함, 조운선 등 신조와 보수		선재봉산	
	연료용재	난방용(궁궐, 관아, 난방과 취사)	향탄(봉)산	국가직속용도림→구매
		산업용(염업, 도자업, 제련업)	관용시장	
민간 수요	건축토목용재 : 신축과 개축		합법적 공리지 사양산	목상 → 구매 / 직접조달
	관곽용재			
	선박용재 : 조운선 등 신조와 보수			
	연료용재	난방용(난방과 취사)	비합법적 국가직속림	
		산업용(염업, 도자업, 제련업)		

그 구체적인 사례는 1804년 인정전 영건공사를 위해 조달한 목재의 종류와 장소를 통해서 확인할 수 있다. 인정전 영건공사의 경우, 목재를 복정(卜定 : 조선 조정이 각 도(道)나 군(郡)에 명하여 토산물 납입함)뿐만 아니라 무용(貿用 : 목재상으로부터 구입)으로 조달하였음을 나타내고 있다. 또한 140여 년 전에 시행된 영녕전 개수 공사와 달리, 인정전 영건공사에는 강원, 전라, 충청, 황해, 경기 이외에 평안도 지역에서 목재를 조달하였음을 확인할 수 있다. 이러한 결과는 산림 황폐와 자원 고갈에 따른 소나무 대경목의 확보가 여의치 못했기 때문에 영선용 소나무재의 확보 장소를 나라 전역으로 확장시켰음을 시사한다.

이러한 기록으로 미루어볼 때, 조선 후기에 이르러 체목과 연목과 같은 대경목의 조달은 봉산에서 계속 이루어졌지만, 건축용 부재나 소경목들은 목상으로부터 구입하여 조달하였음을 알 수 있다.

표 7. 인정전 영건공사의 목재 조달 내역(1804년)

| 재목 | 복정(조선 조정이 각 도나 군에 명하여 토산물을 납입함) | | | | | | 공저 (관청 창고) | 무용 (구입) |
	전라	충청	강원	황해	경기	평안		
체목	266	437	546				29	
연목				674			743	
판목						185	3,385	4,713
잡목			300		1,500	4	117	1,376
방재							701	

(출처 : 이권영 등. 1998)

영건도감의궤를 통해서 조선시대의 궁궐 축조용 소나무 건축재의 조달은 다음과 같이 정리할 수 있다.

첫째, 조선시대의 소나무 궁궐재의 조달은 소나무의 재질적 특성보다 물량의 충족을 우선적으로 고려하였기 때문에 나라 전역에서 조달했다. 조달 물량의 우선적 확보는 오늘날과 달리 외국산 목재를 구할 수 없었던 조선시대의 시대 상황을 고려하면 당연한 조처였다.

둘째, 궁궐 축조용 목재의 조달 체계는 건조 및 치목을 위한 사전 목재 비축 제도는 없었고, 대부분 영건도감이 설치된 후 각 지역별로 할당된 목재를 공사 착공과 함께 공급받거나 구입하는 방법이었다. 따라서 목재 조달이 원활하지 못해 영건공사가 지체되는 경우도 있었다.

셋째, 관영공사의 구조재로 사용된 소나무 대부등은 조선 중기까지 강원도보다 충청도와 전라도에서 조달된 물량이 더 많았다. 그러나 18세기 후반부터 19세기 후반까지 대부분의 소나무 대부등은 강원도에서 조달되었다. 오늘날 문화재 복원(구)용 소나무로 영동지방 산(産) 금강소나무를 최고의 나무로 인식하고 있는 그 배경에는 조선 후기의 관영공사에 사용된 소나무 대경목들이 주로 강원도에서 조달되었던 것에서도 찾을 수 있다.

넷째, 관영공사의 구조재로 사용된 소나무 부등목의 고갈은 17세기 후반부터 충청도와 전라도 지방에서 먼저 시작되었고, 19세기 중반에 이르러서는 나라 전역으로 확산되었지만, 강원도는 넓은 산림 면적, 오지라는 지리적 위치 등에 의해 상대적으로 고갈의 정도가 약했다.

동강의 뗏목(영월군청)

제5장

궁궐 건축재 소나무의
조달과 육성

국가 지정 문화재 수리용 목재의
수요와 공급

정부의 문화재용 소나무의 수급

소나무 보호 및 육성

한·일간의 문화재용 목재 조달 체계

궁궐건축재 소나무를 위하여

제5장

궁궐 건축재 소나무의 조달과 육성

국제기념물유적협의회(International Council on Monuments and Sites : ICOMOS)는 역사적 목조건축물의 보존을 위한 수리 및 복원사업에 사용될 목재는 동일한 수종의 목재, 기존 구성재와 같은 품질을 가진 목재로 만들어야 한다는 원칙을 제시하고 있다[1]. 이 원칙을 우리의 목조문화재 수리 및 복원(구)사업에 적용하면 우리가 당면한 가장 큰 현안의 하나는 문화재 복원용 소나무재, 특히 대경목의 확보라 할 수 있다. 우리의 목조건축물 문화재 중 고려시대에 축조된 소수의 목조건축물 문화재를 제외하고는 조선시대의 목조건축물 문화재들 대부분이 소나무로 축조되었기 때문이다.

목조건축물 문화재 복원에 절대적으로 필요한 재목이 소나무이지만, 오늘날 한국의 소나무 숲은 새로운 변화에 직면해 있다. 소나무 숲은 생태학적, 문화적, 조림학적 요인에 의해서 급격하게 줄어들고 있다. 지난 1천여 년 이상 농경사회에서 관

1   ICOMOS, 1999, PRINCIPLES FOR THE PRESERVATION OF HISTORIC TIMBER STRUCTURES Adopted by ICOMOS at the 12th General Assembly in Mexico, October 1999. http://www.icomos.org/charters/wood_e.pdf

소나무 재선충병(부산 기장 일대. 2005. 3. 10)

소나무 고사 현상주(제도 서귀포시 대정읍 상모리. 2013. 9. 27)

행적으로 이루어졌던 솔숲에 대한 인간의 간섭(임상 유기물 및 활엽수의 제거 등)이 사라진 이후에 소나무 숲은 자연의 복원력에 따라 쇠퇴하고, 그 자리에 신갈나무를 비롯한 참나무류와 여러 종류의 활엽수들이 새롭게 숲을 형성해 가고 있다[2].

소나무 숲에 대한 인간의 간섭이 사라짐에 따라 신속하게 진행된 활엽수림의 복원과 함께 최근에 지구온난화로 빈번하게 발생하고 있는 기후변화와 소나무 병해충의 창궐은 소나무의 쇠퇴를 촉진시키는 원인이 되어 한때 전체 산림의 60%를 차지하던 솔숲의 면적이 오늘날 23% 이하로 감소시켰다.

최근 남해안과 제주도 일원의 소나무 고사 현상은 소나무 쇠퇴 과정을 나타내는 사례라 할 수 있다. 생태 및 병해충 전문가들은 2013년 여름의 기록적 혹서와 60여 일간 지속된 가뭄이 재선충을 옮기는 매개충인 솔수염하늘소의 활동 시간 연장, 재선충의 증식에 알맞은 높은 온도 등과 맞물려서 재선충병의 급격한 확산 원인이 됐을 것으로 진단했다. 아울러 이런 기후변화와 병해충의 상승 작용으로 제주도는 물

2　전영우. 2004, 앞의 책

솔잎혹파리 피해(2004. 8. 15)

자연의 복원력에 의한 활엽수림으로의 천이(2004. 11. 11)

론이고 전라남도, 경상남도의 해안지역을 중심으로 소나무 고사 현상과 재선충병 피해가 대대적으로 발생하게 된 것이라 분석하였다.

소나무 숲의 면적 감소는 문화재 복원용 소나무재의 지속적 조달에 중요한 변수가 될 수 있을 뿐만 아니라 대경목 소나무재의 확보에도 심각한 영향을 미칠 수 있다. 그 단적인 사례는 최근 준공된 경복궁 1차 복원사업이나 숭례문 복구공사를 통해서도 확인되었다. 광화문과 숭례문의 복원(복구)공사에 가장 중요한 선결 과제는 구조재로 사용될 기둥과 도리 등의 소나무 대경재의 확보였다. 광화문과 숭례문의 복원(복구)공사에 필요한 대경목은 준경묘의 소나무와 일반 국민의 기증목으로 겨우 충당하였던 최근의 문화재용 대경목 목재 수급의 궁색한 현실을 고려하면 그 심각성을 확인할 수 있다. 특히 궁궐과 문화재 복원용 목조건축물의 경우, 굵지 않은 건축용 부재의 조달이 순조로울지라도 기둥과 들보로 사용할 대경재가 수급되지 못할 경우, 공사를 진행할 수 없기 때문에 더욱 그렇다.

문화재용 목재 수요에 대비하기 위해서는 국가 지정 문화재 수리에 필요한 목재의 수요를 파악할 필요가 있다. 그와 함께 문화재용 목재 조달을 위하여 채택하고 있는 외국의 정책 사례도 살펴볼 필요가 있다.

1. 국가 지정 문화재 수리용 목재의 수요

우리나라는 2013년 현재 총 3,912건의 국가 지정 문화재가 등록되어 있다. 이들 문화재는 석조문화재 857건, 목조문화재 581건, 금속 267건, 도자 180건, 종이 621건, 기타 1,415건으로 구성되어 있다. 국가 지정 문화재 중 목조문화재의 비율은 14.8%에 달한다. 국가 지정 문화재 이외에 시·도 지정 문화재도 7,759건이나 되는데, 그중 목조문화재는 37%에 해당하는 2,873건이다. 이처럼 국가와 시·도 지정문화재 11,680건 중 목조문화재가 차지하는 비율은 29.6%에 달한다[3].

국가 지정 목조문화재의 경우 국보 31건, 보물 214건, 사적 37건, 중요민속문화재 133건으로 모두 581건이다. 최근 5년간(2007년~2012년)의 전체 문화재 수리 건수 중 목조문화재의 수리가 약 48%를 차지하여 탑과 석조물, 성곽 등의 석조문화재가 6.4%에 비해 더 많이 수리되고 있음을 알 수 있다[4].

---

3   문화재청. 2013. 문화재청 주요 업무 통계자료집

4   정영훈. 2013. 문화재 수리용 목재의 조달방안과 과제. 생명의 숲 국민운동『문화재 복원용 대경재 소나무 육성 방안』최종보고서

문화재 수리용 목재의 수요량

문화재청의 최근 자료(2012년도 실적과 2013년도 실적)에 의하면, 주변 정리용 목재의 소요량을 제외한 문화재 수리용 목재는 매년 12,000~15,000㎥가 필요한 것으로 나타났다. 이들 수리용 목재의 수요량 중 특대재(말구 규격 지름 42㎝ 이상, 길이 3.6m 이상)의 수요량은 2012년의 경우 3.5%였고, 2013년의 경우 9.6%였다. 주변 정리용 특대재까지 포함하면 문화재 수리에 사용되는 양은 각각 약 6%, 10%임을 감안하면 특대재의 수리용 목재 전체 소요량의 약 10% 내외임을 추정할 수 있다(표 1). 앞으로 필요한 수리용 목재의 수요량은 비록 단 2년간의 자료일망정 개략적인 추세를 파악 할 수 있는 자료라 할 수 있다.

표 1. 수리용 목재의 수요량 (단위 : ㎥)

구분	2012년도 실적		2013년도 계획	
	특대재* 소요량(㎥)	일반재 소요량(㎥)	특대재* 소요량(㎥)	일반재 소요량(㎥)
국보	58.5	124.1	61.7	45.0
보물	79.6	389.7	191	565.8
사적	12.7	159.1	129.8	1,314.9
중요신문	10.0	5,247.5	127.8	5,626.2
지방문화재	362.5	8,980.4	510.5	2,022.6
계	523.3	14,900.8	1,020.8	9,574.5

(출처 : 정영훈, 2013, 일부 단위 반올림으로 조정함) (특대재 : 말구경 지름 42㎝ 이상, 길이 3.6m 이상)

문화재청[5]은 최근 2009년부터 2012년까지 3년간의 문화재 수리용 목재의 사용량을 집계하여, 연평균 11,386 m^3의 목재를 문화재 수리에 사용하는 것으로 보고하였다(표 2). 이 3년간의 연평균 사용량은 2012년의 실적과 2013년의 계획상에 나타난 목재의 사용량과 거의 유사한 양으로 대략적으로 매년 12,000~15,000 m^3의 목재가 필요한 것임을 재확인할 수 있는 셈이다. 또한 대경목인 특대재의 비율은 전체 목재의 약 10%에 달하는 것으로 다시 확인되었다.

표 2. 2009년~2012년 목재 크기별 문화재 수리용 목재 평균 사용량

	연평균			총계
	원목	각재	판재	
일반재	3,087.00㎥	3,166.75㎥	1,450.00㎥	7,703.75
특수재	1,059.75㎥	1,181.75㎥	253.25㎥	2,494.75
특대제	334.00㎥	551.25㎥	302.50㎥	1,187.75

(출처 : 정영훈. 2013)

문화재 수리용 소나무재

2. 정부의 문화재용 소나무림의 육성과 수급 정책

문화재용 소나무를 원활하게 조달하기 위한 정부의 육성과 수급 정책은 산림청과 문화재청을 통해서 확인할 수 있다.

산림청의 문화재 복원용 목재 생산림 지정

산림청의 문화재 복원용 목재생산림 정책은 감사원의 감사 처분 요구(1999. 5)에 따라 시행된 제도이다. 산림청은 문화재 보수·복원용 목재를 체계적이고 지속적으로 공급하기 위해 관계 부처와 협의를 거쳐 『문화재 복원용 목재 생산림 지정·관리 계획』을 수립(2001. 3. 17)하고, 2001년부터 2007년에 걸쳐 3개 지방청 산하, 39개소(918ha)에 걸쳐 총 217,000본(96,000㎥)을 목재 생산림으로 지정하였다(표 3). 산림청의 문화재용 목재 생산림의 지정 내역은 다음과 같다.

- 1차 지정(2001. 12. 29) : 소나무 133,675본 68,656㎥
  - 강원, 화천, 동촌리 102임반 가소반외 20개소 551ha

- 2차 지정(2002. 11. 27) : 소나무 76,086본 19,467㎥

  - 강원, 양양, 현북, 어성전 165임반 다소반외 14개소 260㏊

- 3차 지정(2007. 12. 20) : 소나무 7,086본 7,425㎥

  - 강원, 강릉, 성산, 보광 180임반 가소반외 2개소 107㏊

최근 산림청의 문화재용 목재 생산림의 면적은 애초에 지정되었던 면적보다 최근 더 줄어든 것으로 확인되었다. 전국의 국유림을 대상으로 문화재 복원용 목재 생산 가능 지역에 대한 실태를 조사한 결과, 생산 지역은 3개 지방청의 39개소에서 32개소로 7개 지역이 줄어들었으며, 면적도 918ha에서 872ha로 줄어들었다고 밝히고 있다[6]. 문화재용 목재 생산지와 본수가 줄어든 이유는 애초의 부실 조사 때문인지 또는 기후변화와 소나무 재선충병의 창궐로 인한 피해지 확산에 따른 감소 때문인지 그 정확한 이유를 파악할 수 없다. 분명한 사실은 문화재용 목재 생산림의 지정 면적과 본수가 줄어든 현 상황에 대한 적절한 대처가 없다는 점이다.

강릉국유림관리소 대관령 휴양림 문화재용 생산림(2009. 6. 22)   홍천국유림관리소 문화재용 생산림(2007. 5. 20)

6   이상익. 2013. 문화재 복원용 소나무림의 보호 및 육성 정책. 문화재 복원용 대경재 소나무 육성 방안 심포지엄 자료집. 생명의숲 국민운동

표 3. 문화재용 목재 생산림 지정 현황(총괄)   (단위 : 면적-㏊, 본수-본, 재적-㎥)

지방청별		지정시기	개소	면적	본수	재적	비고
합계			39	918	216,847	95,548	
1차(계)			21	551	133,675	68,656	
2차(계)			15	260	76,086	19,467	
3차(계)			3	107	7,086	7,425	
북부청	계		7	74	10,349	8,054	
	소계	1차	7	74	10,349	8,054	
	춘천		1	0.5	16	12	
	인제		2	50	7,500	4,100	
	홍천		4	23.5	2,833	3,942	
동부청	계		15	490	126,399	63,702	
	소계	1차	7	352	114,671	54,839	
	강릉		5	326	113,111	53,683	
	삼척		2	26	1,560	1,156	
	소계	2차	5	31	4,642	1,438	
	양양		3	26	3,900	941	
	영월		2	5	742	497	
	소계	3차	3	107	7,086	7,425	
	강릉		1	86	1,137	1,758	
	삼척		1	18	5,890	5,523	
	태백		1	3	59	144	
남부청	계		17	354	80,099	23,792	
	소계	1차	7	125	8,655	5,763	
	영주		2	50	650	737	
	영덕		3	40	1,260	1,680	
	울진		2	35	6,745	3,346	
	소계	2차	10	229	71,444	18,029	
	영주		2	28	1,750	1,100	
	울진		8	201	69,694	16,929	

(출처: 산림자원의 조성과 관리에 관한 법률 제5차 산림 기본 계획)

문화재용 목재 생산림의 면적 감소나 본수 감소와는 별개로 평균 수령 70년생 이상의 대경목 384본을 대상으로 무선 데이타 측정 장치(RFID : Radio Frequency Identification)를 부착하여 위치, 생장량 등을 정기적으로 수집 파악하고 있는 사례는 앞으로 문화재 복원용 목재 관리를 위해 필요한 조처라 판단된다.

산림청의 문화재 복원용 목재 공급 실적

산림청은 2005년 7월에 문화재청과 문화재 보수용 목재를 최우선적으로 공급할 수 있도록 '문화재 보수용 목재 공급 협약'을 체결하고 문화재 복원용 소나무를 공급하였다. 2001년부터 2007년 사이에 총 3회에 걸쳐 288본, 340m^3(507백만 원, m^3당 1.5백만 원)의 목재를 문화재청에 공급했는데, 그 구체적 내용은 근정전 보수 공사에 226본(2001년/212.59m^3), 낙산사 원통보전 복원에 36본(2005년/47.43m^3), 광화문 복원 공사에 26본(2007년/80m^3) 등이었다.

산림청은 후손들이 문화재 보수 등에 사용할 '금강송 보호림 업무 협약'을 문화재청과 체결(2005. 11. 12)하고 경북 울진군 소광리 일대 500ha(150만 평)의 국유림을 대상으로 150년간 벌채를 금지하는 '금강송 보호림 업무 협약'도 체결하였다.

2009년 2월에는 기 지정된 '문화재 복원용 목재 생산림 지정·관리'에 대한 실태 조사를 실시하는 한편 '문화재 복원용 목재 생산림 관리' 종합대책을 수립하고, '목재 생산림 지정·관리'에서 '목재 생산림 특별 관리'로 전환하여, 대경재 생산 구조 개선, 체계적인 육성·관리, 계획적인 생산·공급에 초점을 맞추고 있다.

새로운 관리 체계를 확립함과 더불어 다행스러운 점은 2009년 5월부터 산림청은 국유림에서 생산되는 대경목(문화재 복원용 목재)과 특이형상목 등을 보관 저장할 목적으로 북부지방산림청 산하의 용문양묘사업소 저목장, 홍천국유림관리소 저목장

등을 조성하였고, 2011년에는 동부·서부·남부·중부지방 산림청에 저목장을 추가로 조성하여 운영하고 있다는 점이다.

오늘날 6개 국유림관리소에서 생산(간벌)되는 대경목(지름 30㎝ 이상)을 문화재용 소나무(7.2~9m/50㎝ 이상 및 이하로 구분)로 구분하여 문화재청의 협조 요청이 있을 경우 시장조사 가격에 따라 목재를 우선적으로 제공하고 있다.

문화재청의 문화재 복원용 소나무 수급 정책

문화재청은 1999년 10월 준경묘, 연경묘 소나무를 문화재 보수·복원용 특수·특대목으로 육성하고 간벌목을 문화재 보수에 지속적으로 활용하며, 문화재 보호구역의 산림을 체계적으로 보존·관리할 목적으로 '준경·연경묘 산림 실태 조사'를 실시하였다. 이 실태 조사에 따라 준경·연경묘의 소나무 생산림(면적 511.8ha, 소나무 142,539본, 축적37,648㎥), 특수·특대목 25,134본(24,329㎥)에 대한 간벌 작업, 천연림 보육, 수종 갱신, 어린 나무 가꾸기, 풀베기, 방제 작업 등의 10개년 세부 계획(1999년~2008년)을 수립하였다. 2001년 6월에는 문화재 보수·복원공사에 사용되는 목재 중 국내 우량 소나무 자원의 부족으로 수요가 절대 부족한 특대재의 장기 안정적 수급 계획을 수립하였다. 단기적으로는 문화재 보수·복원용 특대재 소요량을 5개년 단위로 파악하여 수급하고, 시중 목재상의 특대재 보관 수량 및 가격 조사, 준경·연경묘의 육송 관리 및 육묘적 적극 보호 육성 방안을 마련하는 한편, 장기적으로는 문화재청이 삼척 준경·연경묘 지역의 목재(특대재)를 수급하고, 국유림 지역 목재(특대재)를 공급받을 수 있도록 산림청과의 협조 체계를 구축하는 방안을 모색했다. 그 일환으로 문화재청은 매년 11월 목재 수요량을 파악하여 산림청에 '목재 수급 전망 자료'를 제출하고 있다.

문화재청의 문화재 복원용 준경묘 소나무림(2009. 12. 23)

3. 소나무 보호 및 육성 정책

소나무림 보호 및 육성 정책의 재정립

오늘날 소나무는 기후변화와 병해충의 위협 앞에 놓여 있다. 기후변화와 병해충의 위협을 상징적으로 나타내는 현장은 현재 제주도와 남해안 일대의 소나무림에서 찾을 수 있다. 소나무 재선충병의 청정 지역 확대라는 산림청의 캐치프레이즈가 무색하게 남부지방 곳곳에서 소나무들이 고사하고 있다. 한때 통제 가능한 수준으로까지 줄어든 소나무 재선충병의 피해 정도가 이처럼 확대되고 있는 이유 중 하나는, 앞 장에서도 언급했지만 2013년 여름의 혹서, 60여일간 지속된 가뭄 때문이다. 매개충인 솔수염하늘소의 활동과 재선충의 증식에 알맞은 환경이 조성되어 재선충병의 확산과 피해 심화의 상승 요인으로 작용을 했을 것으로 전문가들은 추정하고 있다. 이렇듯 기후변화 또는 지구온난화에 의한 환경조건의 변화는 재선충병의 창궐과 함께 소나무의 스트레스성 피해를 불러와 소나무의 대량 고사를 유발시키기까지 할 것이다.

남부지방에 피해를 유발한 지난해의 유별난 혹서와는 별개로, 전문가들은 지난

2~3년 동안 방제에 최선을 다하지 않았고, 제주도를 포함한 지자체에까지 재선충병이나 스트레스성 소나무 쇠퇴 현상의 심각성을 방기하거나 방치했던 중앙 정부의 통제 미비에서도 이유를 찾기도 한다.

병해충에 의한 피해지 확산과는 별개로, 평균기온의 상승 정도에 따라 아열대 기후변화가 한반도의 어느 지방에까지 영향을 끼치는지를 예측한 국립기상연구소의 연구 결과(2011년)는 소나무의 육성 및 보호에 대한 새로운 대책을 요구하고 있다. 유엔 기후변화에 관한 정부 간 협의체(IPCC)가 2011년 제안한 온실가스 시나리오인 대표농도경로(RCP : Representative Concentration Pathways) 4.5를 적용할 경우, 전남 일원의 대부분 지역과 전북의 해안지방, 경남 일원과 경북 및 강원도의 해안지방이 아열대 기후대로 편입될 것으로 예측하고 있다. 또 최악의 시나리오인 RCP 8.5를 적용할 경우, 경북북부의 내륙 고지대 일부와 강원도 고지대를 제외한 한반도의 남부지방 대부분이 아열대 기후대로 편입될 것으로 예측하고 있다.

평균기온의 상승으로 파생될 기후변화에 대한 식생 천이의 변화를 예측한 최근의 연구는 소나무의 경우, 강원도를 제외한 대부분의 지역에서 잘 적응하지 못할 것으로 추측하고 있다(천정화, 2012년). 소나무의 잠재 분포 지역은 2020년대에는 중부지방으로 밀려 올라가고, 2050년대에는 생육기의 강수량이 상대적으로 낮은 경북지방으로 축소되다가, 2090년대에는 강원도 산악지역을 중심으로 잔존하는 것으로 나타났다(그림 1). 소나무가 중북부 고지대에 상대적으로 높은 적응력을 보이면서 잔존할 수 있는 가능성이 높다는 이와 같은 연구 결과는 생산에 장기간이 소요되는 문화재용 소나무 육성 정책에 참고해야 할 정보라고 할 수 있다.

기후변화에 의한 산림생태계의 변화나 소나무림의 쇠퇴에 대한 위기 경보는 어제오늘의 일이 아니다. 문제는 연구 부서와 정책 부서에서 느끼는 그 심각성의 정도에 차이가 있다는 점이다. 소나무림이 남한에서 100년 이내에 쇠퇴할 것이란 일각

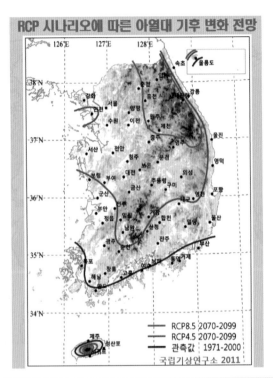

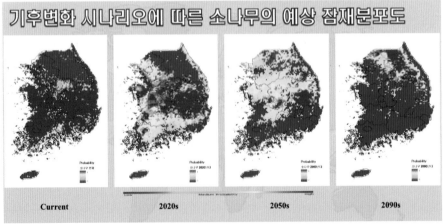

국립기상연구소의 한반도 기후변화 시나리오와 기후변화에 따른 소나무의 예상 잠재 분포도(천정화, 2012)

의 연구 결과가 있는가 하면, 다른 일각에선 그렇게 심각하게 받아들이지 않고 관행적으로 여전히 소나무를 심고 있기 때문이다.

산림청의 문화재용 소나무 육성 정책(육종 및 종묘 보급, 조림 등)은 기후변화의 추세와 병행되어야 하며, 장구한 시간이 요구되는 대경목 생산에는 특히 기후변화에 따른 소나무림의 적응성을 고려할 필요가 있다. 그래서 기 지정된 문화재용 목재 생산림의 확대 및 조정에 대한 종합적인 검토도 함께 이루어져야 한다.

현재 문화재용 목재 생산림으로 지정된 경북 울진과 영주와 영덕은 물론이고, 강원도 강릉, 양양 등지의 산림은 기후변화에 의한 적응 가능성의 여부도 검토할 필요가 있다. 만일 적응 가능성이 높지 않다면 보호와 관리를위한 지속적 투자 여부를 평가하고, 적절하지 못한 경우 다른 대상지를 고려해야 할 때다.

결국 산림청은 현재의 문화재용 목재 생산림에서 공급할 수 있는 생산량을 산정하고, 문화재청은 문화재 수리 및 복원에 필요한 수요량을 산정하는 일이 선결 과제라 할 수 있다. 만일 생산량이 수요량을 충족할 수 없을 경우, 미래 수요량까지 감안하여 문화재 생산림의 지정을 보다 확대할 필요가 있다. 공급량보다 수요량이 더 많을 경우에는 목조문화재 종별로 우선순위를 정해 공급할 수 있는 조달 체계도 설정할 필요가 있다. 문화재용 소나무재의 생산량과 수요량에 대한 보다 정확한 추정은 기존에 지정된 생산림의 지리적 적정성 여부, 생산림의 추가 확보 여부, 대경재 생산 및 이용 방안 등을 함께 점검할 수 있는 가장 기본적인 데이터라 할 수 있다.

문화재 복원용 소나무 생산림 확보

목조건축문화재의 수리용 목재 소요량을 정확하게 예측하는 일은 수리 시기를 예측하는 일만큼 어려운 일이다. 그간 조달된 문화재용 목재의 수급량으로 소요량을 대략 예측할 수 있었지만, 언제 어느 목조문화재가 수리 대상이 될지, 또는 복원 대상이 될지를 알 수가 없기 때문이다. 문화재 복원용 소나무 생산림의 산정은 비록 정확한 양이 아닐지라도 이러한 예측량에 기초를 두고 있다. 현재 산림청에서 지정한 문화재용 생산림(2007년 현재 918ha의 면적에 약 10만㎥ 축적)에서 매년 수확 가능한 소나무는 3,500㎥ 정도이지만, 특대재의 생산량은 확인할 수 없다. 생산 가능한 벌채량이 매년 3,500㎥일지라도 불량목의 선별, 치목 과정을 거쳐 실질적으로 건축재로 사용할 수 있는 양은 벌채량의 절반에도 못 미칠 수 있다.

특히 문화재로 지정된 현존하는 목조건축물의 구조재 대부분이 소나무재이기 때문에 소나무 대경목 생산량을 고려하면 현재 지정된 문화재용 생산림의 면적은 협소하기 그지없다. 그렇기에 일본을 비롯한 외국의 사례와 기후 변화에 따른 산림 생태계의 변화 추세를 고려하여 문화재용 목재 수급 정책을 새롭게 수립하고, 그에 따라 목재 생산림의 면적도 확대되어야 할 것이다.

문화재청이 보유하고 있는 준경묘, 연경묘 일대의 산림에서는 현재 계획적인 벌채가 이루어지지 않고 있다. 이들 산림은 광화문과 숭례문의 복원사업처럼, 대경재 조달에 어려움이 있을 경우를 대비한 비상 조달처로 인식되고 있기 때문이다. 따라서 문화재청 역시 독자적인 문화재용 목재 생산림을 확보하는 한편, 가능하면 그 면적을 확대할 필요가 있다. 기존의 소나무 생산림(준경묘, 연경묘)과 함께 왕릉림과 사찰림을 활용하기 위한 법적, 제도적 장치도 보완할 필요가 있다. 또한 소나무 이외에 부재로 사용된 목재(느티나무, 참나무, 전나무 등)에 대한 조달 계획을 비롯한 종합적인 목재 수급 대책도 필요하다. 시민사회 및 공공단체가 문화재 복원용 목재를 육성하거나 기증할 수 있는 동기 부여책이나 그에 적합한 정책 개발도 수반되어야 할 것이다. 따라서 이 기회에 문화재용 목재의 생산 부서인 산림청과 이용 부서인 문화재청은 문화재용 목재의 생산과 공급에 대한 장기 계획을 수립하고, 향후 기후변화에 의한 소나무림의 쇠퇴 현상에 적극적으로 대처해야 할 것이다.

소나무 숲에 대한 대대적 수종 갱신으로 소나무 숲은 점차 감소하고 있다.(2003. 3. 29)

4. 한일 간의 문화재 복원용 목재 조달 체계

경복궁과 이세신궁 복원용 목재 조달 체계

경복궁의 복원사업에 필요한 목재의 조달 체계와 이세신궁의 식년천궁용 목재 조달 체계를 비교해 보면 흥미로운 사실을 발견할 수 있다. 정부에 의해서 직접 관리 운영되는 경복궁과는 달리 이세신궁의 운영 체계는 전후(2차 세계대전 이후) 일본 왕실의 궁내청에서 종교법인인 신궁청으로 이관되었기 때문에 비록 다른 운영 형태일지라도 여러 가지 시사점을 발견할 수 있다.

경복궁의 복원에는 구조재의 대부분이 소나무로 충당된 반면, 이세신궁의 식년천궁에는 편백재가 사용되고 있다. 경복궁 1차 복원사업은 20년 동안(1990년~2010년)에 걸쳐 진행되었고, 2차 복원사업 역시 20년간의 계획으로 진행되고 있다.

이세신궁의 식년천궁 역시 20년마다 새롭게 신궁을 축조하고 있음을 비교할 때, 비록 관리 운영 주체나 궁의 성격이 상이할지라도 20년에 걸쳐 진행되는 축조공사에 필요한 양국의 목재 조달 체계를 비교하면, 그 체계의 장단점을 확인할 수 있다(표 4).

한국의 경우, 궁궐 복원에 필요한 소나무재의 조달은 복원공사를 맡은 민간사업

표 4. 한일 간의 궁궐─신궁 목재 조달 체계 비교

	한국	일본
대상	경복궁	이세신궁
관리 운영 주체	정부	종교법인
수요 요인	1차 및 2차 복원사업	식년천궁(서기 693년 이후 20년마다 신궁 교체 작업)
목재 조달 수종	소나무	편백
공급 담당 부서	민간사업자, 산림청	이세신궁비림 임야청 기소산림관리서
공급 담당 부서의 산림 면적	3개 지방산림청 관할의 국유림 918ha	기소산림관리서 관할의 국유림 1,971ha 이세신궁비림 2,500ha
공급 담당 부서의 공급량	2001년~2007년에 걸쳐 3회 288본 340㎥	매 20년마다 10,000본 10,000㎥
시기별 목재 소요량	1차 복원사업 20년간 5,596㎥ 2차 복원사업 ??	20년마다 10,000㎥
특대재 소요량	1차 복원사업 20년간 526㎥ (말구직경 42㎝, 길이 3.5m 이상)	4200㎥ 이상 (말구직경 50㎝, 길이 6m 이상)

자가 일차적으로 책임을 지고 있다. 반면, 일본의 이세신궁 식년천궁용 목재는 장구한 역사를 간직한 비림에서 조달하고 있고, 일부는 구입하고 있다.

이세신궁의 경우 20년마다 진행되는 식년천궁에 약 $10,000\,m^3$의 목재가 필요하며, 그 양을 조달하고자 약 4,500ha의 산림이 배정되어 있다. 반면 우리의 경우 20년에 걸쳐 진행된 경복궁 1차 복원사업에 약 $5,600\,m^3$가 사용되었으며, 산림청은 7년에 걸쳐 288본 $340\,m^3$의 목재를 공급하였다. 산림청이 경복궁뿐만 아니라 우리나라의 문화재 수리 및 보수에 필요한 문화재용 목재 생산림 918ha(95,548㎡)를 2007년도부터 지정 운영하고 있지만, 지속 가능하게 벌채를 이용하는 데는 겨우 15% 정도만 충족할 뿐 턱없이 부족한 면적과 축적이다.

구조재로 사용되는 특대재의 경우 건축양식에 따른 직경과 길이의 차이를 인정 하더라도, 경복궁은 전체 목재 사용량의 약 10% 내외인 반면, 이세신궁은 전체 목 재 사용량의 40% 이상을 사용하고 있다(표 4).

한·일 양국 간에 산림 이용에 대한 문화적 배경, 수종의 차이, 그에 따른 산림 축 적의 차이를 인정할지라도, 우리의 문화재용 목재 생산림의 면적은 상대적으로 빈 약한 실정임을 표 4로 확인할 수 있다. 현재 지정된 목재 생산림의 면적은 문화재 복원용 목재의 지속적 조달에 충분하지 못한 면적임은 물론이고, 장구한 시간이 소 요되는 대경재 생산에도 장애 요소가 될 수밖에 없는 실정이다.

일본 이세신궁의 식년천궁과 신궁비림

문화재 복원용 목재 조달의 전형적인 사례는 1천 년 이상 지속되고 있는 일본의 이세신궁(伊勢神宮)에서 거행하는 식년천궁(式年遷宮)에서 찾을 수 있다. 이세신궁은 미 에현 이세시에 있는 신궁으로 일본 각지의 씨족신을 대표하는 총본산이다. 이세신 궁은 서기 693년부터 신궁 건물 65동을 매 20년마다 새롭게 짓는 식년천궁의 행 사를 개최해 왔으며, 2013년 10월 2일과 5일에 62회째 행사가 개최되었다.

식년천궁은 신궁의 내궁과 외궁을 동일 면적의 부지에 20년마다 같은 모양의 신전과 부속 건물(총 65동)을 새로 만들고 그에 필요한 다양한 의례용 물품(의복 등)도 새롭게 제작하는 행사를 일컫는다. 20년마다 개최되는 식년천궁의 예산은 1993년 (제61회) 327억 엔, 2013년(62회)에는 약 570억 엔이 소요될 예정이라고 한다.

일본 나가노현 기소의 편백 신궁비림(2013. 7. 16)

기소산림관리소의 저목장에 집재된 이세신궁의 식년천궁용 목재(2013. 7. 16)

식년천궁에는 약 $10,000\,m^3$ (11,705개의 통나무, 최대 말구직경 122cm, 길이 4m, 최대 통나무는 13m의 말구직경 40cm 등)의 목재가 필요하며, 말구 직경 50cm 이상의 대경장재가 전체 목재의 42%이다.

　　식년천궁에 필요한 목재는 예로부터 신궁비림(神宮備林)에서 조달되었다. 신궁비림은 제실 임야국(현 궁내청, 임야청)이 이세신궁의 식년천궁에 필요한 편백 목재를 확보 육성할 목적으로 지정한 숲이나 지정된 지역을 뜻한다. 현재 나가노현(長野県) 기소군(木曽郡)과 기후현(岐阜県) 나카츠가와시(中津川市)의 하사산지(阿寺山地)의 산림이 신궁비림으로 지정되어 있다.

　　기소의 편백 숲은 1665년도부터 보호를 받아온 숲으로 산림국 산림(1879년), 제실임야국(帝室林野局) 산림(1889년), 궁내청 신궁비림(神宮備林)(1906년), 임야청 국유림(1947년)의 형태로 변천해 왔으며, 산림의 관리 주체는 전후(戰後) 궁내청에서 임야청(1947년)으로 이관되었다. 식년천궁에 필요한 편백 목재는 1904년부터 신궁비림으로 지정된 기소의 편백 숲(면적 8,228ha)에서 조달해 왔지만, 오늘날은 면적 1,971ha의 국유림으로 축소되었다.

　　기소의 국유림과 별개로 이세신궁청은 오늘날 식년천궁에 필요한 편백 목재를 지속적으로 조달하고자 신궁청 주변의 신궁림(5626ha)을 비림으로 지정하여 200년 벌기(伐期)로 육성하고 있다. 이세신궁의 62회 식년천궁용 용재는 기소삼림관리소 국유림(?神宮備林)에서 일부 조달(2005년)되었다.

이세신궁청에서 직접 관리하는 이세신궁림의 편백 숲(2013. 7. 17)

이세신궁의 식년천궁을 위한 준비(2013. 7. 17). 일본인의 조상신을 모신 이세신궁은 20년마다 신궁을 철거하고 새롭게 신궁을 짓는 식년천궁 행사를
서기 693년부터 시행해 오고 있다. 2013년 10월에 개최된 62회 식년천궁에는 기소의 편백 숲에서 벌채된 나무들이 일부 사용되었다.

5. 궁궐 건축재 소나무를 위하여

문화재용 목재 이용 방식의 전환

유네스코 산하 국제기념물유적협의회(ICOMOS)의 '축조 당시에 사용된 동일 수종, 동일 품질의 재목, 동일 축조 기술로 이루어져야 한다'는 목조건축문화재의 수리 및 복원사업의 원칙을 준수한다면, 소나무재의 확보는 목조문화재의 수리와 복원사업에 선결 과제이다. 그러나 현실은 녹록치 않은 실정이다. 이 땅의 소나무 숲은 병해충과 기후변화에 의한 스트레스성 고사 현상으로 나날이 줄어들고 있고, 전문가들은 사라질 것이라는 예측까지 하고 있다.

이런 다양한 도전 앞에 우리가 문화재용 목재 확보를 위해 과거로부터 배워야 할 교훈은 무엇일까? 조선 중기에서 후기로 내려올수록 국가 주도의 관용건영공사에 조달된 소나무재의 규격이 점차 줄어들었던 주된 이유는 심고 가꾸며 지속 가능하게 이용하기보다는 약탈적 산림 이용 관행 때문이었다. 황폐된 국토를 복원한 덕분에 세계적 국토 녹화 성공국으로 칭송을 받았던 오늘날 우리의 실정은 과연 어떠

한가? 안타깝게도 그 답은 긍정적이지 못하다. 첨단 장비를 이용하여 심산유곡에 남아 있는 대경목 마저 벌채하면 멀지 않은 미래엔 어디에서 아름드리 기둥과 들보 감의 재목을 과연 찾을 수 있을지 의문이다. 미래 세대를 위해서도 약탈적 산림 이용 대신에 지속 가능하게 이용할 수 있는 문화재용 소나무 숲 관리 정책이 절실히 필요하고, 지금이 바로 그 시점이다.

1) 산림청에 제안한다

＊ 소나무 숲 조림 기술 개발

현재의 소나무 숲은 자연의 복원력에 따라 쇠퇴하고 그 자리를 활엽수림이 대체하는 천이가 빠르게 진행될 것이다. 모든 소나무 숲의 천이를 막을 방법도 없고, 막을 필요도 없다. 대신 경관 유지와 문화재 복원을 위한 목재 생산림의 소나무 숲은 적절한 육림 기술을 도입하여 유지할 수 있도록 필요한 대책을 수립해야 한다. 소나무 숲의 천연 갱신 및 육림에 필요한 적정 기술의 도입이 그래서 더욱 필요하다.

＊ 기후변화와 지구온난화에 대한 대비

이미 지정된 32개소의 문화재용 목재 생산림은 기후변화를 예측하지 않고 지정되었다. 미구에 닥칠 기후변화를 예상하면 기 지정된 소나무 숲의 적절성 여부를 검토할 필요가 있다. 기후변화로 인해 기 지정된 목재 생산림의 위치가 소나무의 생육 부적지일 경우에는 미래를 위해 새롭게 조정할 필요가 있다. 현재 지정된 생산림에 대한 장기 계획을 수립하고, 표본 플롯을 정해 매년 생장량과 임황과 지황의 변화를 조사해야 한다. 현재 시행하고 있는 대경후보목에 대한 전자칩 부착을 확대할 필요도 있다.

＊ 문화재용 목재 생산림의 면적 확대

문화재용 목재 생산림으로 지정된 현재의 872ha로는 문화재용 소나무 재를 지속 가능하게 공급할 수 없다. 문화재 수리용 목재의 연평균 수요량이 10,000~15,000㎥임을 상정할 경우 적어도 2,000ha 이상으로 면적이 확대 되어야 한다.

2) 문화재청에 제안한다

＊ 문화재 복원 및 수리용 목재의 종류와 수요량 산정

문화재 복원 및 수리에 필요한 목재의 종류와 수요량 산정은 필수적인 단계임을 인식하고 장단기 목재 조달 방안을 수립할 필요가 있다. 수리의 빈도, 수리의 면적 및 물량 등에 대한 연구도 함께 수행될 필요가 있다.

＊ 문화재용 비림(준경묘와 연경묘)의 확대

문화재용 목재의 비축 기지 역할을 수행해 온 준경묘와 연경묘의 소나무 숲에 대한 보다 체계적인 조사와 장기적인 활용 계획을 수립해야 한다. 일정 면적을 정해 소나무 대경목의 생장량 추이를 조사 분석하고, 목재의 물리적 특성도 정기적으로 조사 분석할 필요가 있다.

＊ 이미 형성된 왕릉림, 사찰림의 활용 방안 모색

사찰림의 목재 활용은 조선시대부터 유래된 전통적 산림 이용 형태이다. 왕릉림 역시 일정 부분 궁궐 축조용 목재의 조달 기지 역할을 담당했다. 이러한 문화적 전통을 문화재 복원용 목재 조달 방안으로 활용할 수 있는 방법을 모색할 필요가 있다.

* 개인과 단체가 생산한 목재의 기증 제도와 동기 부여책

사유림 소유자나 또는 개인이 생산한 문화재용 목재를 활용할 수 있는 제도를 창안하여 문화재용 목재의 기증 제도를 활성화해야 한다. 적절한 동기 부여책과 함께 문화재용 목재에 대한 국민의 관심을 확대할 수 있는 홍보 방안도 필요하다.

3) 공동

산림청과 문화재청은 공동으로 '문화재용 목재수급위원회'를 구성하고, 문화재용 목재의 생산과 조달에 필요한 정책을 협의하고 수립해야 한다.

맺음말

소나무에 대한 한국인의 문화적 전통과 맹목적 믿음은 어디서 유래된 것일까? 궁궐재로 사용할 만큼 소나무의 재질은 과연 뛰어난가? 조선시대 궁궐재로 사용된 소나무도 오늘날처럼 금강소나무인가? 조선시대의 황장목과 오늘날의 춘양목, 강송, 금강송은 어떻게 다른가?

이런 의문점을 해소하는 한편, 궁궐 건축재 소나무의 실상과 허상을 확인하고자 조선시대부터 현대에 이르기까지 긴 여정을 밟아왔다. 소나무는 참나무(삼국시대)와 느티나무(고려시대)의 뒤를 이어 조선 초기부터 궁궐 건축재의 자리를 차지했고, 조선 중기 이후에는 그 위상을 확고하게 구축했음을 확인했다. 결국 오늘날 우리들이 소나무를 궁궐 복원(구)용 건축재로 사용하는 이유는 우리 조상들이 지난 수백 년 동안 소나무를 궁궐 건축재로 사용한 문화적 전통 때문이다.

수백 년 동안 이어온 소나무 건축재에 대한 문화적 전통은 지난 30여 년 사이에 진행된 급격한 산업화와 도시화로 단절되었다. 소나무를 건축재로 사용하던 문화적 전통은 목조 문화유산(궁궐, 사찰 등)에만 겨우 한정되어 적용되고 있을 뿐, 일상적인 삶이 뿌리내린 우리의 주거 환경에는 오래전에 단절되었기 때문이다. 한국인의 주거 환경이 한 세대 만에 나무로 만든 한옥에서 시멘트로 만든 아파트와 양옥으로 바뀐 사실을 생각하면 그 단절은 엄청나다고 할 수 있다. 2011년 말부터 전국의 한옥은 약 8만 9천 동으로, 전체 주택 수의 1%에도 못 미치고 있다[1].

소나무 건축재에 대한 문화적 전통의 단절은 목조 가옥에서의 생활 경험은 물론이요, 소나무재가 갈라지는 자연 현상도 경험해 보지 못하게 만들었다. 그런 무경험은 소나무를 '갈라지면 안 될' 최고의 재목이라는 맹목적 믿음을 고착시켰고, 오도된 금강소나무의 허상을 사실인 양 확산시켰는지도 모를 일이다. 최고의 재목으로 치부되던 금강소나무로 만들어진 숭례문 기둥이나 광화문 현판의 갈라짐 현상이 국민적 관심사로 대두되는 이유도 이런 관점에서 살펴볼 필요가 있다.

우리 사회에 고착화된 궁궐 건축재 소나무의 실상과 허상을 파악하고자 다양한 기록을 바탕으로 1) 소나무를 궁궐 건축재로 채택하게 된 배경, 2)금강소나무를 문화재용 건축재로 선호하는 이유, 3) 조선시대의 궁궐 건축재와 현재의 문화재 복원용 소나무재 조달, 4) 문화재용 목재 공급 체계 등을 정리하면 다음과 같다.

1. 소나무를 궁궐 건축재로 채택하게 된 배경

소나무는 농경 사회에서 쉽게 조달할 수 있을 뿐만 아니라 가공성과 내후성도 뛰어난 건축재와 조선재였다. 우리 조상들은 인가 주변에서 다량으로 구할 수 있는 소나무의 물질적 유용성을 다른 목재에 비해 월등하게 인식하였기 때문에 소나무 이외의 활엽수를 잡목(雜木)으로 불렀고, 산림정책도 소나무 중심으로 전개하였다. 조선시대 농경 사회에서 소나무는 우리 조상들이 선택한 최선의 목재였지만, 소

1 　국회입법조사처. 2012. 한옥의 보전 방향과 향후 과제. NARS 정책보고서 제11호. 89pp

나무의 뛰어난 물질적 유용성은 조상들이 머릿속으로 그려낸 절조, 기개, 장생 등의 형이상학적인 상징성과 결합하여 '최고의 목재'라는 인식을 형성하는 데 일조를 했다. 따라서 목조 문화재용 소나무재의 갈라짐 현상으로 인해 발생한 최근의 사회적 파장은 거칠게 표현하면 목조건축물에 대한 경험이 많지 않은 현대인의 몰이해로 인해 발생한 것이라고 할 수 있다. 소나무가 최고의 재목이란 농경 사회적 인식을 산업 사회에서도 여전히 그대로 수용함으로써 생긴 인지부조화 현상인 셈이다.

오늘날 궁궐을 비롯한 전통 문화유산을 복원하는 데 소나무를 건축재로 사용하는 이유 속에는 우리 조상들의 지혜가 숨어 있다. 농경의 발달에 따른 인구 증가와 증대된 목재 수요는 우리 산림의 구조를 천연 활엽수림에서 소나무 단순림으로 변모시키는 동인(動因)이 되었다. 다행스럽게도 소나무는 농경 사회에서 쓰임새가 많은 임산자원이었다. 건축재는 물론이고 조선재, 가구재, 연료재 등으로 농경을 뒷받침하는 데 없어서는 안 될 나무였다. 이 땅에 자생하는 1,000여 수종들 중에 이처럼 쉽게, 그리고 대량으로 구할 수 있는 나무는 소나무 외에 없었다.

소나무는 대량으로 손쉽게 구할 수 있는 건축재였지만, 최고의 건축재는 아니었다. 우리 조상들은 참나무와 느티나무가 소나무보다 훨씬 더 강한 재목임을 일찍이 파악했고, 그래서 삼국시대와 고려시대에는 이들 나무를 주 건축재로 사용했다. 그러나 농경의 발달에 따라 이들 활엽수재들은 인가 주변에서 차츰 고갈되어 쉽게 구할 수 없게 되었고, 이들 활엽수의 대안으로 우리 조상들이 선택한 차선의 건축재는 소나무였다. 소나무는 해안가는 물론이고 강을 통한 수운이 닿는 내륙 곳곳에서도 잘 자라주었다. 궁궐이나 성곽을 축조하는 데 필요한 대경목은 물론이고 중·소경목 역시 물길을 이용하여 쉽게 운송할 수 있었다.

역사에 가정이란 덧없는 일이지만, 만일 인구 증가 속도가 완만하였고, 따라서 경작지의 수요도 많지 않았으며, 인가 주변에서 활엽수들이 쉽게 고갈되지 않았더

라면, 우리들은 오늘날도 여전히 건축재로서의 장점이 많은 참나무와 느티나무를 사용하고 있을지도 모를 일이다.

2. 금강소나무를 문화재용 건축재로 선호하는 이유

질 좋은 소나무에 대한 별칭의 유래를 분석한 결과, 황장목은 1420년 이래, 강송은 일제 후반기 이래, 춘양목은 1955년 이래, 금강소나무는 1990년대 후반 이래로 빈번하게 언급되기 시작했다. 이들 별칭 중 춘양목은 강원도 영동지방에 자라는 강송을 일컫는 별칭이었으며, 강송은 금강송에서 유래된 것으로 추정되었다. 결국 금강소나무와 강송과 춘양목은 높은 수고, 곧은 줄기, 좁은 수관의 외형적 특징을 가진 영동지방산(産) 소나무를 일컫는 동일한 별칭이었다.

조선 후기의 황장금산과 20세기 후반 이래 강송(춘양목)의 생산지를 비교하면 대부분 강원도와 경상북도 북부지방으로 합치되었으며, 황장금산의 분포지는 춘양목과 강송과 금강소나무의 분포지를 모두 포함하고 있는 것으로 나타났다.

국립산림과학원의 연구 결과에 의하면 영동지방산 소나무(금강소나무)라고 해서 모두 재질이 우수한 것은 아님이 밝혀졌다. 오히려 영동지방산 소나무들보다 안면도나 경기도 광릉산(産) 소나무의 역학 성능(휨강도, 압축강도, 전단강도)이 더 뛰어난 것으로 나타났다. 이러한 결과는 목상이나 대목들이 영동지방산 소나무 중, 재질이 특히 우수한 소나무를 적송(赤松)이라 별도로 구분 짓는 이유와 맥을 같이하며, 결국 좋은 건축재란 천천히 자라서 심재 부위가 꽉 찬 치밀한 소나무를 의미한다. 따라서 금강소나무라 해서 모두 재질이 우량한 소나무가 아닌 것은 당연한 이치다. 금강소나무 중 재질이 뛰어난 소나무를 목상이나 대목들이 적송(赤松)이라 부르지만, 소나무를 일컫는 일반 향명(鄕名)도 적송이기 때문에 적송이란 별칭 역시 혼란을 야기할 수 있다. 재질이 뛰어난 적송(강송, 춘양목, 또는 금강송)에 대한 별개의 별칭이 필요한 이유다.

　오늘날 문화재 복구용 건축재로 금강소나무를 선호하는 이유는 조선 후기의 산림 고갈과 밀접한 관련이 있다. 17세기 후반부터 조선 전역에서 소나무 대경목들이 차츰 고갈되기 시작했고, 18세기 중반부터 경복궁을 중건할 19세기 후반까지는 궁궐의 수리와 복원에 필요한 목재, 특히 대경목 소나무는 대부분 강원도의 황장금산 주변에서 어렵게 조달되었던 역사적 전통도 무시할 수 없다.

　강원도가 조선 후기까지 소나무 대경목의 중요한 조달처가 된 이유는 산림 면적이 타 지역에 비해 상대적으로 넓고, 지리적으로 오지에 자리 잡고 있었기 때문이다. 오늘날 영동지방산 소나무를 문화재용으로 선호하는 이유 역시, 일제강점기와 6·25전쟁, 그 후 사회적 혼란기를 거치면서 나라 전역의 산림이 수탈되고 파괴되었지만, 강원도 오지의 산림은 상대적으로 덜 훼손되어 소나무 대경목들이 남아 있었기 때문이다.

3. 조선시대의 궁궐 건축재 소나무 조달

　궁궐과 성곽 축조에 사용된 소나무재는 조선 초기에 대들보나 기둥감으로 사용된 체목과 서까래용으로 사용된 연목으로 구분하였고, 체목의 경우, 크기에 따라 대·중·소의 부등목으로 나누어 구분하였다. 조선 후기에 이르러 목재의 규격이 보다 세분화되어 대·중·소로 분류된 대부등 이외에, 양목, 체목, 누주, 궁재, 재목 등으로 나누어 목재를 조달하였다.

　조선시대의 대규모 관영 건축 공사에 사용된 목재에 대한 구체적 정보는 의궤에 자세히 기록되어 있다. 관영 건축 공사에 사용된 소나무의 규격은 일반적으로 길이와 말구경으로 구분되었고, 길이보다는 말구경이 더 중요한 규격의 측도임을 확인할 수 있었다. 일반적으로 기둥과 대들보로 사용된 부등목의 규격은 길이 16척, 말구경이 1.6척 이상의 크기였다. 부등목 중 특대부등의 규격은 말구경이 2.7척 이상, 대부등은 2~2.4척, 중부등은 1.8~2척, 소부등은 1.6~1.8척으로 분류되었다. 기둥으로 사용된 구조재의 크기가 길이 5~9m, 위 기둥 두께가 80㎝, 60㎝, 54㎝, 48㎝였음을 감안하면 벌채 전에 산지에서 자라고 있던 소나무의 실질적 크기는 적어도 30m이상, 흉고직경 100㎝ 이상의 대경장재(大徑長材)였음을 확인할 수 있다. 궁궐 축조의 경우, 일반적인 목재의 규격과 달리 말구경과 함께 목재의 길이도 중요한 기준이 되었다. 인정전이나 근정전의 고주로 사용된 목재는 성곽(팔달문)에 사용된 고주보다 3m~5m 이상 더 긴 12m 내외의 목재가 사용된 사례로 확인된다.

조선시대 영선용 조달목재의 크기는 조선 후기로 내려오면서 점차 작아졌다. 17세기 후반의 영녕전 수개 공사(1667년)에 사용된 대부등의 말원경은 2.4척임에 비해 19세기의 인정전 영건 공사(1804년)나 경복궁 중건공사(1865년)에 사용된 대부등의 말원경은 1.8~1.9척으로 140~200여 년 사이에 대부등의 말원경 규모가 최대 0.6척 줄어든 것이 그 단적인 예라고 할 수 있다. 조선 후기로 내려올수록 구조재의 크기가 점차 줄어든 이유는 산림 자원의 고갈과 함께 대경재 소나무의 확보가 점차 어려워졌기 때문이다.

소나무 건축재의 확보가 조선 후기로 내려올수록 점차 곤란해졌음을 나타내는 또 다른 지표는 원거리에까지 소나무 조달처가 확대된 사례를 통해서도 확인할 수 있다. 1667년에 시행된 영녕전 수개 공사에 조달된 소나무재는 강원, 충청, 전라, 황해, 경기 일원이었지만, 1804년의 인정전 개수 공사에는 평안도와 경상도까지 조달처가 확장되었고, 1865년의 경복궁 중건 공사에는 소나무 조달처가 함경도까지 확장되었다. 육로를 통한 운송수단이 쉽지 않고, 대부분 수운을 이용하여 목재를 운송할 수밖에 없었던 여건을 고려할 때, 조선의 산림 여건은 18세기 후반부터 급격히 악화되기 시작했을 것으로 추정할 수 있다.

조선 후기에 이르러 관영 건축 공사에 필요한 목재 조달의 어려움이 지속되고, 또 대동법의 시행 및 확대 적용에 따른 여건 변화에 따라 목재 조달 체계도 바뀌게 되었다. 관영 건축 공사에 필요한 구조재용 대경재는 국가의 봉산에서 충당하고, 건축가설재나 소부재는 시전이나 공인이 운영하는 민간 나무시장에서 구입하는 방식으로의 전환이 그것이다.

과거의 사례를 통해서 확인할 수 있는 사실은 산림의 생산성이나 지속성을 고려하지 않은 조선시대의 약탈적 산림 이용 관행은 조선 후기에 이르러 그 폐해가 정점에 이르게 되었고, 그러한 폐해의 영향은 조선 정부가 시행한 관영 공사에 필요한 대경목의 규격 축소와 그전에 고려하지 않았던 오지까지 조달처를 확대하는 결과를 가져온 셈이다.

4. 현재의 문화재용 소나무재 조달

현재의 문화재용 소나무재의 조달 사례를 분석하고자 경복궁 복원과 숭례문 복구사업에 사용된 소나무재의 양과 규격 및 조달처를 살펴보았다. 20년에 걸쳐 시행된 경복궁 1차 복원은 19세기 중반에 중건된 경복궁 규모의 약 25%를 복원하는 사업이었다. 1차 복원사업에 소용된 목재는 약 $5,600m^3$였고, 그 중 말구직경 42cm, 길이 3.6m 이상의 특대재는 전체 소요 목재량의 약 10% 내외였다. 특대재의 경우, 대부분 강원도와 경북 북부지방에서 조달되었다.

2013년 5월에 완공된 숭례문 복구사업의 경우, 구조용 목재의 확보 여부가 최대 현안이다. 그러나 대경목 소나무재 확보에 대한 국민적 관심과 그에 따른 기증 의사 표출, 준경묘 소나무 이용에 대한 전주 이씨 대종회의 호의적 태도에 힘입어 대경목의 조달은 해결되었다. 아울러 숭례문 복구 사업을 통해 앞으로 대경목 소나무재의 확보가 문화재 복원사업에 중요한 현안이 될 수 있음을 모두가 재인식 하는 계기도 마련되었다.

문화재용 목재의 수요량은 매년 15,000㎥ 내외이고, 이 중 약 10% 내외가 대경목임을 감안할 때, 문화재 복원용 목재의 확보 대책도 이런 규모를 감안하여 수립할 필요가 있다. 지난 20여 년간 진행된 목재 건축문화재 복원(복구)사업에 사용된 목재의 조달처는 주로 강원도 동해안 일대의 소나무 산지를 중심으로 집중되었다. 그 이유는 산지의 대부분이 오지의 고지대에 위치한 지리적 여건으로 벌채 및 운반의 어려움에 의해 그나마 현재까지 잔존해 있던 소나무 대경목을 현대적 기술 및 장비(헬리콥터 등)를 이용하여 운반이 가능했기 때문이다.

문화재용 목재 수요에 부응하고자 산림청과 문화재청은 각각 별도의 정책을 수립하여 집행하고 있다. 산림청은 2007년 말부터 39개소(면적 918ha)에 걸쳐 총 22만 그루(약 95,500㎥)의 소나무림을 문화재용 목재생산림을 지정 운영하고 있다. 또한 2009년도부터 각 지역에서 생산되는 대경목과 특이형상목을 보관 저장할 목적으로 지역별로 저목장을 조성하여 운영하고 있다.

문화재청은 소나무 대경목의 조달처로 일정 역할을 담당해 왔던 준경묘와 연경묘 일대의 산림(면적 511.8ha, 14만 본, 약 38,000㎥)에 대한 10개년 세부 계획을 수립했으며, 산림청과 구축된 협조 체계의 일환으로 목재 수급 전망 자료를 매년 제출하고 있다.

문화재용 목재, 특히 대경재 소나무의 확보 방안을 모색하고자 과거와 현재의 소나무 수급 실태를 조사 분석하였다. 이를 바탕으로 앞으로 고려해야 할 문화재용 소나무 대경재의 확보 방안을 정리하고 다음과 같은 내용을 제안할 수 있었다.

산림청과 문화재청은 현재 진행되고 있는 문화재용 목재 생산림에 대한상호 협의와 협조 관계를 좀 더 발전·확대시킬 필요가 있다. 문화재청의 수리용 목재 수요에 대한 현황 파악과 장기 예측은 산림청의 소나무 장기 육성 정책에 반영되어야 할 것이다.

문화재용 소나무 육성 정책은 강원도 고지대를 중심으로 이루어져야 하며, 육종 정책이나 종묘 보급 정책도 기후변화의 추세에 맞추어 함께 병행되어야 한다. 특히 장구한 시간이 필요한 대경목 생산은 피할 수 없는 기후변화의 추세를 고려해야 할 것이다. 따라서 기 지정된 문화재용 목재 생산림에 대한 검토도 함께 진행되어야 한다.

현재 문화재용 목재 생산림으로 지정된 경북 울진과 영주와 영덕은 물론이고 강원도 강릉, 양양 등지의 산림은 기후변화에 따른 적응 가능성을 고려하여 적절한 육림 작업이 필요하며, 보호와 관리를 위한 지속적 투자 대상지로서 적절성 여부를 새롭게 평가해야 한다.

만일 장기적인 관점에서 목재 생산림으로 유지하는 것이 적절하지 못한 경우, 다른 대상지를 고려해야 할 때다. 문화재로 지정된 현존하는 목조건축물의 대부분은 구조재가 소나무이기 때문에 소나무 대경목 생산을 위한 목재 생산림의 면적도 확대되어야 할 것이다.

문화재청은 현재 확보하고 있는 문화재용 목재 생산림(준경묘와 연경묘)의 관리를 위해 필요한 인력 및 예산을 확보하고, 장기적으로 왕릉림과 사찰림을 활용하기 위한 법적, 제도적 장치도 모색해야 할 것이다. 또한 소나무 이외에 부재로 사용된 느티나무, 참나무, 전나무 등에 대한 대책도 필요하다. 시민사회 및 공공단체가 복원용 목재 육성 및 기증 운동을 펼칠 수 있는 정책적 고려도 있어야 할 것이다.

5. 일본의 사례에서 배우는 교훈

일본의 문화재 복원용 목재 조달 체계는 1,300년의 역사를 가진 이세신궁의 식년천궁(式年遷宮)용 비림(備林)에서 찾을 수 있다. 이세신궁청은 20년마다 허물고 다시 짓는 데 필요한 신궁 용재를 조달하고자 현재도 4,500ha의 비축림을 보유하고 있다. 이세신궁청은 20년마다 10만 본(10만㎥)의 식년천궁에 필요한 목재를 조달하고자 2백 년 벌기령의 편백 숲을 신궁림으로 지정하여 육성하고 있다. 지난 20년 동안 진행된 경복궁 1차 복원사업에 사용된 5,600 m^3의 목재 중, 국유림에서 조달한 목재는 288본(340㎥)의 소나무가 전부인 우리 실정과 일본의 이세신궁용 목제 조달 체계를 비교하면, 우리의 문화재 복원용 목재 조달 체계가 얼마나 부실한지 알 수 있다.

목재의 조달 기준 역시 일본과 한국은 그 물량만큼이나 다르다. 일본은 문화재 수리용 목재로 1년에 연륜폭 2~3mm씩 200~300년 동안 키울 목표로 편백을 육성하는데, 한국은 소나무 숲의 구체적 육성 목표는 없고 문화재청의 문화재수리표준시방서상에 "변재의 나이테 중심간 간격이 한 곳이라도 9mm 이상일 경우"에는 목공사에 사용할 수 없다고 규정하고 있을 뿐이다. 연륜폭 9mm 이하로 소나무를 육성하는 정책과 연륜폭 2mm의 육성 정책 사이에는 엄청난 차이가 존재한다. 거대한 목조 건물의 하중을 견딜 수 있는 구조재의 역학 성능은 연륜이 치밀할수록 더 향상될 수 있기 때문이다.

갈라져서 문제가 된 숭례문 기둥재는 거의 5mm의 연륜폭을 가진 100년생 안팎의 준경묘 소나무로 제작된 것이다. 복구된 숭례문의 굵은 기둥이 갈라진 이유의 하나는 빨리 자라서 무른 나무와 천천히 자라서 단단한 나무의 차이에서도 찾을 수 있다. 숭례문의 기둥감 소나무재는 굵기와 길이라는 외형적 기준이나 최소한의 역학

성능만 충족시켰을 뿐, 얼마나 단단한지를 가늠할 질적 기준은 애초에 없었다. 이런 방식으로 재목을 쓸 수밖에 없었던 이유는 소나무 대경목(大徑木)이 거의 고갈되어 기둥감 목재를 쉽게 구할 수 없는 현실적 이유 때문이다.

　기후변화에 대응하기 위한 식년천궁용 편백 비림에 대한 일본의 다양한 현장 연구는 비록 늦었지만 우리가 지금이라도 당장 소나무 숲을 대상으로 시도해야 할 분야라 생각된다. 식년천궁용 비림으로 지정된 일본 나가노현 기소지방의 편백 국유림에서는 다양한 현장 시험을 실시하고 있다. 300년생 편백 천연림을 대상으로 모자이크 형태로 천연림을 유도하는 시업(施業), 모수림 작업, 군상택벌 시업, 적절한 간벌 유도 시업 등이 이루어지고 있다. 문화재 복원용 편백재 조달을 위한 여러 가지 현장 연구가 일본에서 이루어지고 있음에 비해, 기후변화의 직접적 영향은 물론이고 소나무 재선충병의 창궐 등으로 인한 소나무 산림 면적이 급격히 감소하고 있는 우리는 손을 놓고 있는 실정이다.

　목조문화재의 수리 및 복원사업에 대해 '축조 당시에 사용된 동일 수종, 동일 품질의 재목, 동일 축조 기술로 이루어져야 한다'고 유네스코 국제기념물유적협의회는 원칙을 제시하고 있다. 이런 원칙을 적용하면 조선시대의 대다수 목조건축문화재는 소나무로 복원되어야 한다. 그러나 숭례문과 같은 목조문화재 복원에 필요한 대경목을 구하기란 예나 지금이나 어렵기만 하다.

　숭례문의 갈라진 기둥을 부실 공사의 사례로 누구나 쉽게 들먹이지만 문화재용 목재의 생산과 공급에 대한 근본적인 대책이 없으면, 앞으로도 유사한 사례는 되풀이될 것이다. 조선시대는 지엄한 왕권으로 방방곡곡의 소나무를 강제로 조달했고, 오늘날은 헬기와 중장비로 그나마 남아 있던 심산유곡의 소나무 대경목을 약탈하듯이 베어서 쓴다. 예나 지금이나 장구한 세월 동안 심고 가꾸기보다는 손쉽게 베어서 쓰는 이용 방식만 고수하고 있는 셈이다.

목재는 공장에서 찍어내듯이 만들 수 없다. 문화재용 대경목은 수백 년의 세월이 필요한 자연의 산물이다. 그래서 더욱 올바른 문화재용 목재의 생산과 조달 정책이 필요하다. 궁궐 건축재 소나무의 육성과 보호에 관심을 쏟아야 하는 이유다.

참고
문헌

고영주. 1992. 숲에 대한 독일인의 인식과 산림작업의 적용. 〈숲과 문화〉 1권 1호

국립산림과학원. 2005.『주요문화재의 수종 구성』

국립산림과학원. 2012. 경제수종 1. 소나무. 국립산림과학원 연구신서 제59호. 250pp

국회입법조사처. 2012. 한옥의 보전방향과 향후과제. NARS 정책보고서 제11호. 89pp

김규식. 2001. 〈산림〉 426호. 강송의 특성과 생장. 산림조합중앙회

김왕직. 1999. 조선후기 관영건축공사의 건축경제사적 연구. 명지대학교 대학원 박사학위 논문

김재웅, 이봉수. 2008. 영건의궤에 실린 목부재용어의 용례와 변천에 관한 연구. 건축역사연구 17(5): 71-94

김정환, 이원희, 홍성천. 1999. 강송의 기초적 재질에 관한 연구(제1보). 〈한국가구학회지〉 제10권 2호

김준호. 1995 문명 앞에 숲이 있고 문명 뒤에 사막이 남는다. 웅진출판

동부지방산림청. 2002.『국유림 경영 100년사』

『**만기요람**』 財用편

문화재청 2003.『근정전 보수공사 및 실측조사보고서』문화재청

문화재청. 2013. 문화재청 주요업무 통계자료집

박성훈.『단위어사전』. 민중서림, 1998

배재수. 2000. 조선후기 국용 영선 목재의 조달체계와 산림관리-창덕궁 인정전 중수를 중심으로-. 숲과 문화 총서 8.『숲과 임업』. 숲과 문화총서 8. 171-187. 수문출판사

배재수, 김외정, 박경석, 백을선. 2000. 문화재용 목재의 수급 및 유통 실태. 한국임학회지 89(1) : 126-134

산림청. 1974.『치산녹화30년사』

산림청. 1997.『한국임정50년사』

생명의 숲 국민운동. 2013.『문화재 복원용 대경재 소나무의 육성방안』최종보고서

손용택. 2005. 삼림자원의 시장화 성쇠, 그 대안: 봉화군 춘양목을 사례로. 대한지리학회 2005년 춘계학술발 표회 발표 초록 한국학중앙연구원

신응수. 1993. 경복궁의 복원과 소나무.『소나무와 우리 문화』. 숲과 문화총서 1. 190-193. 숲과 문화연구회

신응수. 2002. 천년 궁궐을 짓는다. 김영사. 245pp

신응수. 2005.『경복궁 근정전』. 무형문화재 대목장 신응수의 경복궁 중수기. 현암사. 416pp

신응수. 2012.『대목장 신응수의 목조건축 기법』. 눌와

영건의궤연구회. 2010.『영건의궤』. 동녘

오창명, 손희하, 천득염. 2007. 서궐영건도감의궤의 목재류 어휘분석연구. 건축역사연구 16(1): 29-48

윤영균. 2004. 금강송 육성 및 보전 전략. 소나무 학술토론회『우리겨레의 삶과 소나무』. 숲과 문화연구회

이광희, 박원규. 2010. 선사와 역사시대 건축물에 사용된 목재수종의 변천.『느티나무와 우리 문화』. 숲과 문화 총서 18. 3-27. 도서출판 숲과 문화

이권영, 문정민. 2000. 朝鮮後期 官營建築工事의 木材調達政策에 관한 연구. 동부산대학논문집 19집 : 75-94. 동부산대학교

이권영, 서치상, 김순일. 1998. 朝鮮後期 京江邊 營繕木材에 관한 硏究. 건축역사연구 7(1) 9-30

이권영. 2000. 朝鮮後基 官營建築의 木材와 木工事에 관한 연구. 부산대학교 대학원 건축학과 박사학위 논문. 163pp

이권영. 2001. 조선 후기 관영건영공사의 목부재 생산과 물량 산정에 관한 연구. 〈건축역사연구〉 제10호 1권 (통권 25호)

이권영, 김순일. 1999. 朝解後期 宮闕工事의 木材治練에 관한 연구. 건축 역사연구 8(1) : 9-28

이권영, 서치상. 1998. 朝鮮後期 官需木材의 調達과 治鍊工役에 관한 연구 : 慶運宮 重建工事를 중심으로. 동부 산대학논문집 19집: 75-94. 동부산대학교

이상익. 2013. 문화재 복원용 소나무림의 보호 및 육성 정책. 문화재 복원용 대경재 소나무 육성 방안 심포지엄 자료집. 생명의 숲 국민운동

이화형, 위 흡, 이원용, 홍병화, 박상진. 1989.『목재물리 및 역학』. 향문사

임경빈. 1985.『조림학원론』. 향문사

임업연구원. 1982.『임업시험장 60년사』

임업연구원. 2002.『조선 후기 삼림정책사』

전영우편. 1993.『소나무와 우리 문화』숲과문화 총서1. 숲과 문화연구회.

전영우. 1993. 조선시대의 소나무 시책(송정 또는 송금). 숲과 문화총서 1.『소나무와 우리 문화』. 숲과 문화연구회

전영우. 2004.『우리가 정말 알아야 할 우리 소나무』. 현암사. 416pp

전영우. 2012. 조선 왕실의 의례용 임산물 생산을 위한 사찰의 산림 관리. 산림과학 공동학술대회 발표 논문 초록

정성호. 2007. 목조건축문화재의 수종. 韓屋文化. 제18호 : 60-61. 한옥 문화원

정영훈. 2013. '문화재 수리용 목재의 조달 방안과 과제.' 생명의 숲 국민 운동『문화재 복원용 대경재 소나무 육성 방안』최종 보고서

정영훈. 2013. 문화재 수리용 목재 조달 정책. 문화재 복원용 대경재 소나무 육성 방안 심포지엄 자료집. 생명의 숲 국민운동

차재경. 1993. 소나무의 재질 특성. 소나무 학술토론회 총서 1.『소나무와 우리 문화』. 숲과 문화연구회

차재경. 2000.『목재역학』. 선진문화사

천정화. 2012. 생태적 지위 모형에 기반한 주요 산림수종의 지리적 분포 파악 및 기후변화에 따른 영향 평가. 국민대학교 대학원 박사 학위 논문. 190pp

태안문화원. 2002.『태안지방 소금생산의 역사』

허균. 1997.『뜻으로 풀어본 우리의 옛 그림』. 대한교과서

현신규, 구군회, 안건용. 1967. 동부산 적송림에 있어서의 이입교잡현상. I. 임목육종연구소 연구보고 5 : 43-52

황재우. 1993. 황장목. 숲과 문화총서 1. 『소나무와 우리 문화』. 전영우편. 숲과 문화연구회

山本博一(야마모토 히로카즈). 2005. 木造建造物文化財の修理用資材確保にする 究. 京都大

山本博一(야마모토 히로카즈). 2013. 일본의 문화재용 목재 조달 정책. 문화재 복원용 대경재 소나무 육성 방안 심포지엄 자료집. 생명의 숲 국민 운동

植木秀幹. 1928. 朝鮮産 赤松ノ樹相及ヒ是カ改良ニ關スル造林上ノ處理ニ就イテ. 水原高等農林學校 學術報告 第3號

ICOMOS. 1999. PRINCIPLES FOR THE PRESERVATION OF HISTORIC TIMBER STRUCTURES (1999) Adopted by ICOMOS at the 12th General Assembly in Mexico, October 1999. http://www.icomos.org/charters/wood_e.pdf

Leonardo da Vinci. 2008. Pilot Projects Handbook 1 - 『Timber Structure』

USDA FS. 2010. Wood Handbook, Wood as an Engineering Material. Centennial Edition. Forest Products Laboratory General Technical Report FP:-GTR-190. 508pp

찾아
보기